Horst J. Obermayer

Taschenbuch Deutsche Elektrolokomotiven

Mit 193 Schwarzweißfotos

Franckh'sche Verlagshandlung, Stuttgart

Einband gestaltet von Edgar Dambacher

Zweite, verbesserte Auflage, 11.–18. Tausend

Franckh'sche Verlagshandlung, W. Keller & Co., Stuttgart / 1971 /
Printed in Germany / Verlagsnummer 3754 G / ISBN 3-440-03754-1 / LH 19 hä / Gesamtherstellung Reiff-Druck, 76 Offenburg.

TASCHENBUCH DEUTSCHE ELEKTROLOKOMOTIVEN

VORWORT

Mit dem Taschenbuch „Deutsche Dampflokomotiven" hatte der Verlag im Jahre 1969 den Versuch unternommen, ein handliches Nachschlagewerk für alle Freunde der Eisenbahn zu schaffen. Ein überaus positives Echo zeigte bereits nach sehr kurzer Zeit, daß den Bemühungen ein achtbarer Erfolg beschieden war. Gleichzeitig wurde von vielen Seiten der Wunsch geäußert, weitere solcher taschengerechter Handbücher zu publizieren und auch andere Triebfahrzeuge in ähnlicher Weise vorzustellen. Obwohl man weiß, daß schon manch tiefschürfendes Werk über elektrische Bahnen verfaßt worden ist, war das Verlangen nach einem Taschenbuch „Deutsche Elektrolokomotiven" sehr ausgeprägt. Es lag deshalb nahe, alle wichtigen technischen und historischen Angaben zur Entwicklung, zum Bau und zum Betrieb elektrischer Lokomotiven zu sammeln und in einer übersichtlichen Darstellung zusammenzufassen. Ein besonderes Anliegen war es, die Abbildungen so auszuwählen, daß die typischen Baumerkmale jeder Lokomotivgattung sichtbar werden. Besonderheiten im Aufbau der Fahrzeuge, ihre zum Teil asymmetrische Ausführung und die unterschiedliche Anordnung von Lüftungsöffnungen und Fenstern sind gewichtige Gründe dafür, jede Lokomotivgattung in zwei verschiedenen Abbildungen vorzustellen. Durch diese Art der Darstellung, die von dem bislang Üblichen abweicht, werden auch jene Bauartunterschiede aufgezeigt, die bei ähnlichen Lokomotivgattungen oft nur an einigen Details zu erkennen sind. In dem vorliegenden Taschenbuch „Deutsche Elektrolokomotiven" sind alle deutschen Einphasen-Wechselstromlokomotiven erfaßt, die im Auftrag der früheren deutschen Länderbahnverwaltungen, der Deutschen Reichsbahn von 1920–1945, der Deutschen Bundesbahn der Bundesrepublik Deutschland und der Deutschen Reichsbahn der DDR gebaut worden sind. Die Einordnung der einzelnen Lokomotivgattungen erfolgte nach dem von der Deutschen Reichsbahn im Jahre 1927 aufgestellten Nummernplan. Nur dadurch war es möglich, alle dargestellten Maschinen einheitlich zu bezeichnen. Bei Anwendung der neuen Nummernpläne der beiden deutschen Bahnverwaltungen – die in der Einleitung wiedergegeben sind – wäre dies nicht gelungen, da viele der alten Gattungen bereits ausgemustert und nicht mehr berücksichtigt sind.
In einer kurzen Einführung über die Entstehung der ersten Lokomotiven und Bahnlinien sind auch jene alten Fahrzeuge abgebildet, die für die spätere Entwicklung von besonderer Bedeutung waren.

Die technischen Daten zu den einzelnen Lokomotiven wurden zum überwiegenden Teil den amtlichen Unterlagen der verschiedenen Bahnverwaltungen entnommen. Bei der Beschreibung älterer Maschinen mußte auf Archivunterlagen zurückgegriffen werden, die dank dem freundlichen Entgegenkommen im Verkehrsmuseum in Nürnberg einzusehen waren. Dank gebührt auch den verschiedenen Dienststellen der Deutschen Bundesbahn, im besonderen der Pressestelle der BD Stuttgart, für die Unterstützung bei der Bildbeschaffung. Eine große Zahl von Abbildungen älterer Fahrzeuge stellte das unentbehrliche Lokomotivbildarchiv Bellingrodt zur Verfügung. Weitere Aufnahmen stammen aus dem Archiv des Verkehrsmuseums, aus dem BBC-Archiv und von der Firma Henschel/Kassel, auch hierfür sei Dank gesagt. Leider war es nicht möglich, eine ähnliche Unterstützung von den anderen Lokomotivfabriken zu erhalten. Um so mehr waren einige wenige Freunde und mehrere Mitarbeiter der Deutschen Bundesbahn darum bemüht, die Fertigstellung des Werkes zu gewährleisten. Ihnen sei das Taschenbuch der Elektrolokomotiven in Dankbarkeit gewidmet.

VORWORT ZUR ZWEITEN AUFLAGE

Die überaus günstige Aufnahme des Taschenbuches „Deutsche Dampflokomotiven“ der Regelspur gab den Anstoß, weitere Nachschlagewerke im Taschenbuchformat in die weitere Planung einzubeziehen. Zahlreichen Anregungen folgend, erschien bereits im Jahre 1970 der zweite Band mit dem Titel „Deutsche Elektrolokomotiven“. Auch dieses kleine Buch fand in recht kurzer Zeit eine große Zahl von Freunden der Eisenbahn und war sehr bald vergriffen. Der Verlag nahm dies zum Anlaß, das Taschenbuch „Deutsche Elektrolokomotiven“ in einer zweiten, überarbeiteten und verbesserten Auflage erscheinen zu lassen. Verschiedene Abbildungen konnten durch andere und bessere Fotos ersetzt und die Statistik auf einen neuen Stand gebracht werden. Berücksichtigt wurden auch die von der Deutschen Bundesbahn inzwischen neu in Dienst gestellten Lokomotiven bereits vorhandener Baureihen.

H. J. Obermayer

DIE ENTWICKLUNG DER ELEKTRISCHEN LOKOMOTIVEN

Die ersten Versuche, den elektrischen Strom zum Antrieb von Fahrzeugen zu verwenden, reichen weit in das letzte Jahrhundert zurück. Bereits im Jahre 1835, also gerade zu jener Zeit, als in Deutschland der erste Dampfzug von Nürnberg nach Fürth fuhr, zeigte der Amerikaner Davenport das Modell eines elektrischen Wagens in Springsfield. Versuche anderer Erfinder schlossen sich an, und schon im Jahre 1838 soll eine elektrische Lokomotive des Schotten Davidson gefahren sein. In Deutschland zeigte 1840 der Frankfurter Mechanikermeister Johann Philipp Wagner einen kleinen elektrischen Wagen in Modellausführung. Das Modell war betriebsfähig, einem großen Triebfahrzeug blieb der Erfolg jedoch versagt. Die Energie für all diese ersten Schöpfungen war noch aus galvanischen Batterien bezogen worden.

Erst nachdem Werner von Siemens im Jahre 1865 das Prinzip der Elektrodynamik erarbeitete, entstanden die ersten Dynamomaschinen und bald auch leistungsfähige Elektromotoren. Die Speisung der Motoren sollte über Stromschienen oder über eine Oberleitung erfolgen. Auch der Entwurf zu der ersten mit Starkstrom betriebenen Lokomotive stammte von Werner von Siemens. Am 31. Mai 1879 wurde diese Maschine, gebaut von Siemens & Halske, aus Anlaß der Berliner Gewerbeausstellung der Öffentlichkeit vorgestellt und in Betrieb genommen.

Erste Lokomotive von Werner von Siemens aus dem Jahre 1879

Auf einer Rundstrecke mit einer Länge von 300 Meter wurden von Mai bis September insgesamt 86 000 Personen befördert. Damit war endgültig der Beweis für die Brauchbarkeit des elektrischen Antriebes bei Fahrzeugen erbracht worden. Die zweiachsige Lokomotive entwickelte eine Höchstgeschwindigkeit von 13 km/h bei Leerfahrten und zog einen Zug mit drei Wagen, besetzt mit je 6 Personen, mit einer Geschwindigkeit von 7 km/h. Als Motorleistung werden 2,2 kW genannt. Der Strom mit einer Gleichspannung von 150 V war über eine Stromschiene zwischen den beiden Fahrschienen zugeführt worden. Als Rückleiter dienten die Fahrschienen. Diese erste Elektrolokomotive hat später einen Ehrenplatz im Deutschen Museum in München erhalten.
Zwei Jahre später fuhr eine weitere Bahn auf der Weltausstellung in Paris, erbaut wiederum von Siemens & Halske. Am 16. Mai 1881 wurde die erste elektrische Straßenbahn in Berlin-Lichterfelde dem Betrieb übergeben. Bei dieser Bahn erfolgte die Stromzufuhr noch über die Fahrschienen. Kleine Grubenlokomotiven aus dem Jahre 1882 für die Bergwerke Zauckerode und Neu-Staßfurt waren dagegen bereits aus einer Oberleitung gespeist worden. Es entstanden nun nacheinander weitere Straßenbahnen in verschiedenen Städten, so z. B. im Jahre 1884 in Offenbach und 1891 in Halle. Seit 1890 fuhr die Straßenbahn in Lichterfelde mit Oberleitung und war dadurch weniger störanfällig geworden.
Als erste elektrische Vollbahn nahm die Lokalbahn von Meckenbeuren nach Tettnang um 1895 den Verkehr auf. Der Einsatz von elektrischen Triebwagen auf Hauptbahnen erfolgte in größerem Ausmaß ab dem 1. April 1900 auf der von Siemens & Halske erbauten Gleichstromversuchsbahn von Berlin-Wannseebahnhof nach Zehlendorf. Die UEG, später in AEG umbenannt, eröffnete am 8. Januar 1903 eine ähnliche Bahnlinie vom Potsdamer Bahnhof nach Lichterfelde. Die Einspeisung des Gleichstroms von 500–600 V erfolgte bei beiden Bahnlinien über eine seitlich angeordnete Stromschiene, so wie dies noch heute bei den S-Bahnen in Hamburg und Berlin üblich ist. Inzwischen war nun aber auch schon die Entwicklung des Drehstrommotors soweit gediehen, daß 1898 die ersten Erprobungen auf einer größeren Versuchsbahn in Lichterfelde unternommen werden konnten. Der Dreiphasenstrom wurde mit einer Spannung von 10 kV bei einer Frequenz von 50 Hz über eine seitlich verlegte dreipolige Oberleitung zugeführt.

Drehstrom-Versuchslokomotive von Siemens & Halske von 1892

Erbauer der zweiachsigen Versuchslokomotive war die Firma Siemens & Halske, die bereits seit 1892 eine kleinere Drehstrom-Versuchsbahn auf ihrem Werksgelände in Berlin-Charlottenburg unterhielt. Ähnliche Versuche unternahm zur selben Zeit die Firma Ganz in Budapest. Die erste Drehstrom-Streckenlokomotive entstand aber 1899 in der Schweiz bei den Firmen Gebr. Sulzer AG und BBC. Bis 1933 legte die Maschine auf ihrer 40 km langen Stammstrecke von Burgdorf nach Thun insgesamt 600 000 km zurück. Betrieben wurde diese Bahnlinie mit einer Spannung von 750 V bei einer Frequenz von 40 Hz.
Mit der Gründung der „Studiengesellschaft für elektrische Schnellbahnen“ am 10. Oktober 1899 wurde dann auch in Deutschland eine breitere Basis für die weitere Entwicklung geschaffen. An der Studiengesellschaft war außer den Firmen AEG und Siemens auch die KPEV beteiligt. Als Versuchsstrecke war die Militäreisenbahn von Marienfelde nach Zossen ausgewählt und auf einer Länge von 33 km elektrifiziert worden. Die dreipolige Fahrleitung für 10 kV bei 50 Hz war in einer Höhe von 5–7 m seitlich neben dem Gleis angeordnet.

Drehstrom-Schnellfahrlokomotive von Siemens & Halske, 1903

Siemens und die AEG setzten je einen Triebwagen ein und erreichten 1901 Geschwindigkeiten bis 160 km/h. Ein schlechter Oberbau der Strecke und Mängel bei den Drehgestellen ließen zunächst keine höheren Geschwindigkeiten zu. Erst nach einer Überarbeitung von Fahrzeugen und Strecke wurden die Schnellfahrten im Herbst 1903 wieder aufgenommen. Der Triebwagen von Siemens erreichte am 7. Oktober 1903 eine Geschwindigkeit von 203 km/h, und der Wagen der AEG stellt am 27. Oktober desselben Jahres mit 210,2 km/h einen Weltrekord auf, der über 50 Jahre unerreicht blieb. Beide Triebwagen hatten die Achsfolge (A 1 A) (A 1 A). Außerdem stand für die Versuchsfahrten auch noch eine (1 A) (A 1)-Lokomotive von Siemens & Halske mit einer Höchstgeschwindigkeit von 150 km/h zur Verfügung. Seit 1902 bestand in Oberitalien bei der Valtellina-Bahn eine Drehstrom-Strecke, erbaut von Ganz in Budapest. Die Fahrdrahtspannung betrug zunächst 1000 V bei 15 Hz, später dann 3000 V bei $16^2/_3$ Hz.

Alle bislang durchgeführten Versuche konnten aber noch nicht restlos befriedigen. Die mehrpoligen Drehstromfahrleitungen waren aufwendig und kompliziert, die Charakteristik der Drehstrommotoren nicht ideal. Günstiger waren dagegen die Gleichstrommotoren. Da sich der Gleichstrom aber nicht transformieren läßt, unterblieb die Einrichtung größerer Eisenbahnnetze für diese Stromart, die viele kostspielige Unterwerke erfordert hätte. Man wandte sich deshalb auf Veranlassung von Oberbaurat Wittfeld von der KPEV nunmehr den Versuchen mit Einphasenwechselstrom zu und führte noch im Jahre 1903 auf einer 4,1 km langen Strecke von Berlin-Niederschöneweide nach Spindlersfeld erste Probefahrten durch. Federführend beim Bau von Strecke und Fahrzeugen war die AEG zusammen mit der KPEV. Gespeist wurden die Triebwagen aus einer Kettenfahrleitung, wie sie später allgemein zur Anwendung kam. Der Einphasenwechselstrom hatte eine Spannung von 6 kV und eine Frequenz von 25 Hz. Die Motoren in Tatzlagerbauart waren Konstruktionen der Wiener Ingenieure Winter und Eichberg, die aber schon bald durch die Entwicklung des Schweizer Ingenieurs Behn-Eschenburg überboten wurden.

Behn-Eschenburg schuf den Einphasenwechselstrom-Reihenschlußmotor, der sich hervorragend bewährte und die führende Motorbauart blieb. Die erste Einphasenwechselstrom-Lokomotive der Welt fuhr im Jahre 1905 auf der Strecke Seebach–Wettingen in der Schweiz mit solchen Motoren. Betrieben wurde die Maschine mit 15 kV bei 15 Hz. Die Versuche mit Einphasenwechselstrom waren so ermutigend, daß man vielerorts daranging, Stadt- und Vorortbahnen auf elektrischen Betrieb umzustellen. Die Fahrdrahtspannungen lagen meist zwischen 3 kV und 6,3 kV, die Frequenz einheitlich bei 25 Hz. Für die Lokalbahnstrecke von Murnau nach Oberammergau, welche seit dem 24. Januar 1905 elektrisch betrieben wird, wählte man zunächst eine Spannung von 5,5 kV und eine Frequenz von 16 Hz, die später auf 5 kV und 16²/₃ Hz geändert wurden. Erst im Jahre 1954 erfolgte dann die Umstellung auf 15 kV bei 16²/₃ Hz. Die überaus günstigen Erfahrungen, die mit dieser Bahn gemacht wurden, beschleunigten die Planung weiterer elektrischer Hauptbahnen.

Versuche zur Schaffung eines geeigneten Strecken-Oberbaues wurden in Oranienburg bei Berlin unternommen. Für den Einsatz auf der 1,7 km langen Teststrecke lieferte die AEG im Jahre 1907 die erste deutsche Einphasenwechselstrom-Güterzuglokomotive, die mit drei Tatzlagermotoren ausgerüstet war. Die Lokomotive kam dann auf die im Jahre 1911 eröffnete Hamburger Hafenbahn und war dort bis 1932, zuletzt als E 73 03, im Einsatz.

Am 18. Januar 1911 konnte die erste Fahrt auf der Strecke Dessau–Bitterfeld unternommen werden. Diese Linie war für die ursprünglich projektierte Verbindung Altona–Kiel gebaut worden. Die elektrische

Eisenbahnlinie durch die Eifel von Euskirchen nach Trier wurde aus militärischen Gründen nicht realisiert.
Die ersten Lokomotiven für die Strecke Dessau–Bitterfeld waren von der KPEV bereits im Jahre 1909 bei Hanomag bestellt worden. Der Auftrag für die elektrische Ausrüstung wurde den Firmen AEG, SSW und Bergmann erteilt. Die Maschinen waren zunächst noch für 10 kV und 15 Hz ausgelegt. Eine dieser Lokomotiven, die ES 2 von Hanomag/AEG, kam in das Bau- und Verkehrsmuseum Berlin.
Für den Schnellzugdienst auf Gebirgsstrecken bestellte die KPEV im Jahre 1911 bei Krauss und der AEG eine vierfach gekuppelte Lokomotive, die ES 4. Aufgrund der Schwierigkeiten mit der Maschine EG 501, welche dieselbe Achs- und Triebwerksanordnung hatte, blieb die ES 4 unvollendet. An ihrer Stelle entstanden von 1911 bis 1913 die dreifach gekuppelten Lokomotiven ES 5 und ein Jahr später die ES 6, die dann den Bau einer ersten größeren Serie der späteren Baureihe 01 einleiteten.
Mit den Maschinen der späteren Reihe 01, zunächst als ES 9–ES 19 bezeichnet, nahm die KPEV in größerem Umfang den planmäßigen Schnellzugdienst auf den preußischen Flachlandstrecken auf. Die Nummern ES 7 und ES 8 blieben im Schema der KPEV unbesetzt.

Schnellzuglokomotive ES 5 der KPEV, Baujahr 1911

Im April 1911 beschloß der „Technische Ausschuß im Verband Deutscher Eisenbahnverwaltungen" die Ausarbeitung einheitlicher Richtlinien für die Wahl von Stromart, Spannung und Frequenz bei der Einrichtung elektrischer Bahnlinien. Im Jahre 1912 unterzeichneten die Eisenbahnverwaltungen von Preußen, Baden und Bayern das „Übereinkommen betreffend die Ausführung elektrischer Zugförderung". Darin war beschlossen worden, Einphasenwechselstrom mit einer Fahrdrahtspannung von 15 kV und mit einer Frequenz von 16²/₃ Hz als einziges Stromsystem anzuwenden. Dem Abkommen schlossen sich Österreich und die Schweiz an, später folgten dann auch Norwegen und Schweden. Auf der noch mit 15 kV, 15 Hz elektrifizierten Mittenwaldbahn wurde am 28. Oktober 1912 der elektrische Zugbetrieb zwischen Innsbruck und Garmisch-Partenkirchen aufgenommen und im Sommer 1913 bis Reutte ausgedehnt. Auch in Baden hatte man bereits alle Vorbereitungen zur Aufnahme des elektrischen Betriebes auf Wiesen- und Wehratalbahn getroffen. Die erste dafür vorgesehene 1'C 1'-Personenzuglokomotive der Gattung A 1 war von Maffei und SSW schon 1910 fertiggestellt worden. Die Maschine kam zunächst zu Probefahrten auf die Strecke Murnau–Oberammergau, danach wurde mit ihr der Betrieb auf der Strecke Dessau–Bitterfeld eröffnet.

Personenzuglokomotive der Gattung A 1 für die Badische Bahn, 1910

Zum Ende des Jahres 1912 traf sie dann in Südbaden ein und fuhr ab 13. September 1913 auf der nun fertigen Wiesen- und Wehratalbahn. Wegen mehrerer Mängel im Antrieb war die Lokomotive dann aber bereits im Jahre 1924 ausgemustert worden.
Von Maffei und SSW stammte auch eine andere 1'C 1'-Lokomotive für schwere Personen- und Güterzüge der Strecke Dessau–Bitterfeld.

Güterzuglokomotive EG 501 der KPEV aus dem Jahre 1912

Mit der Bezeichnung EG 501 war sie 1912, nach einiger Bauverzögerung, dem Betrieb übergeben worden. Triebwerksschäden und Schwierigkeiten mit der Kühlung der Fahrmotoren führten aber schon im Jahre 1914 zur Ausmusterung der Maschine. Mehr Erfolg war den anderen Güterzuglokomotiven EG 502–EG 508 beschieden, die später als E 70 02–08 noch in den Bestand der Deutschen Reichsbahn gelangten.
Nach der Mittenwaldbahn elektrifizierte die Bayerische Staatsbahn die steigungs- und krümmungsreiche Strecke von Freilassing nach Berchtesgaden und die Verbindung Freilassing–Salzburg. Auf beiden Strecken konnte am 1. August 1915 der elektrische Zugbetrieb aufgenommen werden. Zunächst standen die Lokomotiven der Gattungen EP 3/5 und EP 3/6, spätere Baureihen E 62 und E 36, für Reisezüge zur

Verfügung. Für den Güterzugdienst hatten Krauss und BEW die Gattung EG 4 x 1/1 entwickelt, eine für die damalige Zeit recht moderne Konstruktion einer Drehgestell-Lokomotive. Es wurden aber nur zwei dieser Maschinen gebaut, sie erhielten später die Baureihenbezeichnung E 73 01 und 02.

Der Erste Weltkrieg verhinderte weitere Elektrifizierungsvorhaben, er führte sogar zum Abbau der elektrischen Anlagen der Strecke Dessau–Bitterfeld–Leipzig, die erst in den Jahren 1921 und 1922 aufgebaut wurden. Auch der im Jahre 1914 begonnene Ausbau schlesischer Strecken konnte erst zu Beginn der zwanziger Jahre fortgesetzt werden. Die schwierige Streckenführung verlangte besondere Lokomotiven. Die ersten von der KPEV bestellten Fahrzeuge waren Doppellokomotiven. Die Kriegsereignisse verzögerten die Fertigstellung, und nachdem mit einer gleichzeitig entwickelten Einrahmenlokomotive gute Erfahrungen gesammelt werden konnten, blieb es bei der Lieferung von nur zwei Doppellokomotiven. Eine davon wurde später von der Deutschen Reichsbahn als E 49 02 übernommen. Ein Nachbau der 1917 in Dienst gestellten 2'D 1'-Einrahmenlok EP 235 unterblieb aber trotz der guten Betriebserfahrung. Die Maschine wurde als Einzelstück bereits 1926 ausgemustert.

Personenzuglokomotive EP 235 der KPEV aus dem Jahre 1917

Für den Einsatz auf Nebenstrecken waren dreiteilige Lokomotiven entworfen und die EG 538 abc, spätere E 91 38, bereits 1917 geliefert worden. Für den Güterzugdienst hatte die KPEV schon im Jahre 1912 zehn Doppellokomotiven bestellt. Die Inbetriebnahme erfolgte nach langer Bauverzögerung erst 1920. Diese Maschinen fuhren später als Baureihe E 90[5].

Nach der Gründung der Deutschen Reichsbahn wurde ein umfangreiches Elektrifizierungsprogramm ausgearbeitet und Schritt um Schritt in rascher Folge verwirklicht. Die Anzahl der vorhandenen Lokomotiven reichte zur Bewältigung des rasch ansteigenden Verkehrs nicht mehr aus. Eine größere Zahl weiterer Triebfahrzeuge mußte beschafft werden. Zuerst erfolgte die Lieferung der von den Länderbahnverwaltungen bereits bestellten Lokomotiven. Neue Bestellungen ergingen, nachdem eine gewisse Typenbeschränkung beschlossen war. Den Lieferungen nach 1930 lag dann schon das neue Programm von Einheitslokomotiven zugrunde. Ein Höhepunkt im Lokomotivbau war dann zum Ende der dreißiger Jahre mit den Maschinen der Baureihe E 19 erreicht worden.

Bis gegen 1933 waren alle Strecken und Lokomotiven nach den Richtlinien von 1912, also für Einphasenwechselstrom 15 kV, $16^2/_3$ Hz, ausgeführt worden. Um nun auch die Möglichkeit zu untersuchen, elektrische Bahnen aus bereits vorhandenen Überlandnetzen zu speisen, ließ die Deutsche Reichsbahn die ca. 56 km lange Strecke von Freiburg nach Neustadt und Seebrug elektrifizieren. Die als Höllental- und Dreiseenbahn bekannten Abschnitte wurden in der Zeit von 1933 bis 1935 für den Betrieb mit einer Fahrdrahtspannung von 20 kV und für eine Frequenz von 50 Hz eingerichtet. Lange Zeit war dies dann das Versuchsfeld für 50-Hz-Einphasenwechselstrom-Lokomotiven, die von der deutschen Industrie gebaut und zum Teil auch in das Ausland geliefert wurden. Die Umstellung der Strecke auf $16^2/_3$ Hz erfolgte erst im Jahre 1960.

Der Zweite Weltkrieg brachte dann erneut eine Einschränkung der Elektrifizierung weiterer Bahnlinien. Erst zu Beginn der fünfziger Jahre wurden die Arbeiten in größerem Umfang wieder aufgenommen. Auch die Lokomotiventwicklung erfuhr ab 1950 durch neue Impulse eine stärkere Belebung. Ursprünglich war geplant, die bewährte Einheitslokomotive E 44 in größerer Zahl in verbesserter Ausführung nachzubauen. Moderne Fertigungsverfahren und neue Erkenntnisse beim Bau elektrischer Triebfahrzeuge gaben dann aber den Ausschlag dafür, die neue Baureihe E 10 zu entwickeln.

Projektstudie für die Baureihe E 10 der Deutschen Bundesbahn

Das neue Typenprogramm sah für alle Bereiche der elektrischen Zugförderung nur noch laufachslose Lokomotiven mit zwei- und dreiachsigen Drehgestellen vor. Ähnlich vollzog sich die Entwicklung bei der Deutschen Reichsbahn in der DDR. Dort entstand im Jahre 1960 die Neubaureihe E 11 als Mehrzwecklokomotive für verschiedene Dienste. Um diese Zeit stellte die DB die ersten Mehrsystem-Lokomotiven für den grenzüberschreitenden Verkehr in Dienst. Die Europa-Lokomotive E 410 wurde für vier Stromsysteme ausgelegt: für Einphasenwechselstrom 15 kV, 16²/₃ Hz und 20 kV, 50 Hz, außerdem für Gleichstrom 1,5 kV und 3 kV.
Um den Reisezugverkehr attraktiver zu gestalten war geplant, die Zuggeschwindigkeiten zu erhöhen. Voraussetzung für diese Maßnahme waren eingehende Untersuchungen bei Schnellfahrten, die 1963 von der Deutschen Bundesbahn durchgeführt wurden. Zu diesem Zweck waren die neuen Lokomotiven E 10 299 und 300 mit besonderen Versuchsdrehgestellen von Henschel und SSW ausgerüstet worden. Auf der Strecke zwischen Forchheim und Bamberg erreichten die E 10 299 am 28. 10. 63 und die E 10 300 am 21. 11. 63 Höchstgeschwindigkeiten von 200 km/h bei einem außerordentlich guten Lauf der Fahrzeuge. Diese erfolgreichen Versuche lieferten wertvolle Aufschlüsse, die beim Bau der Schnellfahrlokomotiven E 03 berücksich-

tigt wurden. Die Baureihe E 03, im neuen Nummernplan als 103 bezeichnet, wird in den kommenden Jahren als derzeit leistungsfähigste und modernste Schöpfung der deutschen Lokomotivindustrie in größerer Stückzahl im Fernschnellverkehr eingesetzt werden. Mit dieser Gattung wurde in der Lokomotiventwicklung in Deutschland ein neuer Höhepunkt erreicht.
Am Ende des Jahres 1970 betrug der Einsatzbestand elektrischer Lokomotiven bei der Deutschen Bundesbahn 2297 Fahrzeuge, die ein Streckennetz mit einer Länge von mehr als 8600 km befuhren. Im Sommerfahrplan 1970 waren planmäßig 349 Lokomotiven im Schnellzugdienst eingesetzt, sie legten zusammen täglich rund 316 000 km zurück. Einzelne Maschinen erreichten im Durchschnitt mehr als 1400 km je Betriebstag. Bei den ungefähr 868 Güterzuglokomotiven ergaben sich im selben Zeitraum Kilometerleistungen von mehr als 800 km je Betriebstag. Bei der Deutschen Reichsbahn dürften zu Beginn des Jahres 1970 auf ca. 900 km mit 15 kV, 16²/₃ Hz elektrifizierter Strecke knapp 300 Elektrolokomotiven im Einsatz gewesen sein. Weitere 400 Streckenkilometer sind für den Betrieb mit Gleichstrom und mit Wechselstrom 25 kV, 50 Hz eingerichtet.

Einer der modernen und komfortablen TEE-Züge der Deutschen Bundesbahn

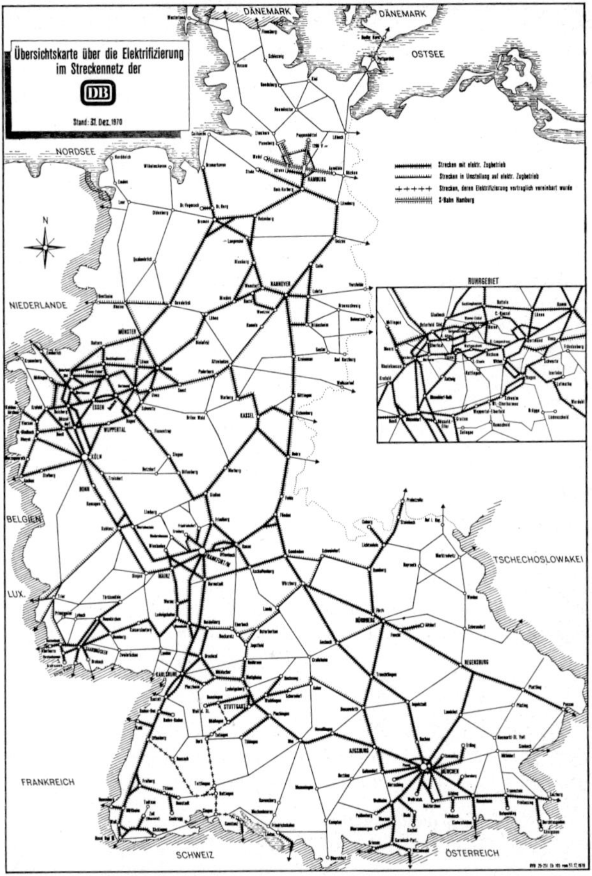

Übersichtskarte über die Elektrifizierung im Streckennetz der Deutschen Bundesbahn. Stand 31. 12. 1970.

DIE EINTEILUNG DER LOKOMOTIVEN

Vor dem Zusammenschluß der Länderbahnen zur Deutschen Reichsbahn am 1. April 1920, oblag es den einzelnen Verwaltungen, solche Bezeichnungssysteme für Elektrolokomotiven zu schaffen, die Aufschluß über den Verwendungszweck der einzelnen Fahrzeuge geben sollten. Man verfuhr ähnlich wie bei den Dampflokomotiven, d. h. jede Bahnverwaltung erarbeitete zunächst ein eigenes System, welches dann im Laufe der Zeit mancher Veränderung unterworfen war.

Preußen:

In Preußen wurden die elektrischen Lokomotiven zunächst durch fünfstellige Nummern gekennzeichnet. Aus der Zahlenkombination ging der Verwendungszweck und die Reihenfolge der Bestellung hervor. Da es sich hierbei um ein unvollkommenes und kurzlebiges Schema handelte, soll nicht näher darauf eingegangen werden. Im zweiten preußischen Bezeichnungssystem war der Betriebsnummer eine Buchstabenkombination vorgesetzt, die das Einsatzgebiet der betreffenden Maschine erkennen ließ.

Schnellzuglokomotiven	ES 1 bis ES . . .
Personenzuglokomotiven	EP 201 bis EP . . .
Güterzuglokomotiven	EG 501 bis EG . . .
Verschiebelokomotiven	EV 1 bis EV . . .

Häufig blieben zwischendurch einzelne Nummern unbesetzt, da geplante oder bestellte Maschinen nicht mehr ausgeführt wurden. Solche Triebfahrzeuge, die aus zwei für sich allein arbeitsfähigen und einzeln verfahrbaren Einheiten bestanden, erhielten Doppelnummern.

Personenzuglokomotive	EP 209/210
Güterzuglokomotive	EG 551/552

Zwei- oder dreiteilige Maschinen, bei welchen die Fahrzeuggruppen zwar getrennt, aber nicht einzeln betriebsfähig waren, hatten anschließend an die Betriebsnummer zwei oder drei Kleinbuchstaben erhalten.

Güterzuglokomotive	EG 571 ab
Güterzuglokomotive	EG 538 abc

Dieses System für die preußischen Lokomotiven war zunächst auch noch nach der Gründung der Deutschen Reichsbahn gültig.

Bayern:

Im Schema der Bayerischen Staatsbahn stand zwischen der ebenfalls aus zwei Buchstaben bestehenden Angabe der Gattung und einer fünfstelligen Betriebsnummer auch noch eine Zahlenkombination, die genau wie bei den Dampflokomotiven die Anzahl der gekuppelten Achsen und die Gesamtachszahl angab. Die Unterteilung erfolgte nur in Personen- und Güterzuglokomotiven.

Personenzuglokomotiven EP 3/5 20 001 bis 20 005
Personenzuglokomotiven EP 3/6 20 101 bis 20 104
Personenzuglokomotiven EP 3/6 20 121 bis 20 124
Güterzuglokomotiven EG 4 x 1/1 20 201 bis 20 202
Güterzuglokomotiven EG 2 x 2/2 20 221 bis 20 222

Nach der Übernahme der Maschinen in die Gruppenverwaltung Bayern der Deutschen Reichsbahn wurden die Bezeichnungen vereinfacht.

Schnellzuglokomotiven	ES 1
Personenzuglokomotiven	EP 1 bis EP 5
Güterzuglokomotiven	EG 1 bis EG 5

Hinter diesen Gattungsbezeichnungen waren dann die früheren oder die inzwischen neu hinzugekommenen Betriebsnummern angegeben.

Baden:

Die wenigen Lokomotiven der Badischen Staatsbahn wurden in drei Gruppen eingeteilt und in der Reihenfolge ihrer Indienststellung mit Ziffern bezeichnet. Das ganze Schema war also recht einfach, A^1, A^2 1 bis 9 und A^3 1 bis 2.

Lokalbahn AG

Bei der Lokalbahn AG, München, trugen die Maschinen die Abkürzung der Gesellschaft und dahinter in der Reihenfolge der Indienststellung eine Ziffer, also LAG 1 bis LAG 5.

Deutsche Reichsbahn

Erst im Jahre 1927 führte die Deutsche Reichsbahn ein neues Nummernsystem ein, welches ungefähr jenem für Dampflokomotiven entsprach. Die **Betriebsnummer,** der in kleinem Abstand der Buchstabe E vorgestellt wurde, setzte sich ebenfalls aus Stamm- und Ordnungsnummer zusammen. Die Einteilung der Lokomotiven erfolgte nach ihrem Verwendungszweck bzw. nach ihrer Höchstgeschwindigkeit.

Schnellzuglokomotiven	E 01 bis E 29, V max. ab 90 km/h
Personenzug-lokomotiven	E 30 bis E 59, V max. 70 bis 90 km/h
Güterzuglokomotiven	E 60 bis E 99, V max. bis 70 km/h

Die **Stammnummern** elektrischer Lokomotiven geben auch Aufschluß über die Stromsysteme, für welche die Maschinen gebaut wurden.

E 00 bis E 100 für Einphasenwechselstrom $16^2/_3$ und 25 Hz
E 101 bis E 200 für Gleichstrom
E 201 bis E 300 für Einphasenwechselstrom 50 Hz
E 301 bis E 400 für zwei Stromsysteme
E 401 bis E 500 für drei und mehr Stromsysteme

Das Nummernsystem der Deutschen Reichsbahn war zunächst übersichtlich und eindeutig. Im Laufe der Zeit kamen aber neue Triebfahrzeuge hinzu, die zwar noch nach ihrem Verwendungszweck, nicht aber nach ihrer Höchstgeschwindigkeit dem ursprünglichen Schema entsprachen. Dies sind die Maschinen der Baureihen E 40, E 41, E 42, E 50, E 51 und E 94.

Die **Ordnungsnummern** sind, je nach Anzahl der Lokomotiven, innerhalb einer Baureihe zwei-, drei- oder vierstellig. Bei der Übernahme von Länderbahnmaschinen wurden meist die letzten beiden Ziffern der alten in die neue Betriebsnummer einbezogen.

ES 09–19 = E 01 09–19

Durch diese Maßnahme blieben mitunter mehrere Nummern unbesetzt, so z. B. die Nummern 01 bis 05 der Baureihe E 32. Lokomotiven einer Baureihe, die sich durch konstruktive Änderungen von den anderen Maschinen unterschieden, erhielten andere, meist höhere Ordnungsnummern. Bei der Angabe der Baureihe wird bei zwei- und dreistelligen Ordnungsnummern die erste Ziffer derselben als Indexzahl der Stammnummer angefügt. Bei vierstelligen Ordnungsnummern wird die Indexzahl zweistellig.

E 10 101 = E 10^1
E 10 1265 = E 10^{12}

Auch diese Regelung blieb nicht ohne Ausnahmen, wie Beispiele zeigen:

E 16 101 = E 16^5
E 42 15 –19 = E 42^2
E 50 36 –46 = E 50^3
E 50 47 –52 = E 50^4

Weitere Zusätze zur Ordnungsnummer sind die Buchstaben G und W bei den Lokomotiven der Baureihe E 44. Der Buchstabe G als Index zur Ordnungsnummer gesetzt gibt an, daß die betreffende Maschine eine Steuerung für Wendezugbetrieb besitzt. Lokomotiven mit elektrischer Widerstandsbremse hatten bis 1962 den Index W hinter der Ordnungsnummer. Danach wurden diese Maschinen nur noch durch eine zusätzliche 1 vor der Ordnungsnummer gekennzeichnet. Die Ordnungsnummern sind von den Stammnummern stets durch einen kleinen Zwischenraum getrennt.

ACHSANORDNUNG

Ein zweites sehr wesentliches Merkmal zur Unterscheidung einzelner Baureihen ist die Achsfolge der Lokomotiven. Laufachsen werden mit arabischen Ziffern bezeichnet, angetriebene Achsen durch große lateinische Buchstaben.

Achsfolge im Hauptrahmen

Folgen in einem Hauptrahmen mehrere angetriebene nicht miteinander gekuppelte Achsen aufeinander, dann wird die Achsfolge mit denselben Großbuchstaben bezeichnet, die anzuwenden wären, wenn die Achsen gekuppelt wären. Beim Einzelantrieb der Achsen wird dem Großbuchstaben eine ohne Zwischenraum auf die Zeile gesetzte kleine o (Null) angefügt.

1 = eine im Hauptrahmen gelagerte Laufachse
2 = zwei aufeinanderfolgende im Hauptrahmen gelagerte Laufachsen
A = eine angetriebene Achse im Hauptrahmen
B = zwei angetriebene Achsen im Hauptrahmen, die miteinander gekuppelt sind
Bo = zwei angetriebene Achsen im Hauptrahmen, die nicht miteinander gekuppelt sind
B B = vier angetriebene Achsen im Hauptrahmen, von denen je zwei miteinander gekuppelt sind

Achsfolge in unterteiltem Fahrgestell

Achsen oder Achsgruppen, die in einem Rahmengestell angeordnet sind, werden in gleicher Weise bezeichnet wie die Achsen im Hauptrahmen. Bei unterteilten Fahrgestellen erhalten die Achssymbole jedoch zusätzlich einen hochgesetzten Beistrich, wenn es sich nur um eine Ziffer oder um einen Buchstaben handelt. Die Kennzeichen der Achsen werden in Klammern gesetzt, wenn sie mehr als eine Ziffer oder einen Buchstaben umfassen.

1'	=	eine vom Hauptrahmen unabhängige Laufachse
2'	=	zwei vom Hauptrahmen unabhängige Laufachsen
B'	=	zwei miteinander gekuppelte in einem Rahmengestell gelagerte Treibachsen
Bo'	=	zwei nicht miteinander gekuppelte in einem Rahmengestell gelagerte Treibachsen
B'B'	=	je zwei miteinander gekuppelte in zwei verschiedenen Rahmengestellen gelagerte Treibachsen
(1 A)	=	Triebgestell mit einer festen Lauf- und einer Treibachse

Adams-Achsen, Bissel-Achsen und Laufachsen von Krauss-Helmholtz-Gestellen gelten als nicht fest im Hauptrahmen gelagert und werden deshalb auch mit einem Beistrich versehen. Im Hauptrahmen oder im Rahmen eines Triebgestells quer verschiebbare Treibachsen, also auch solche eines Krauss-Helmholtz-Gestells und andere angetriebene Lenkachsen, gelten als im jeweiligen Rahmen fest gelagert. Laufachsen, die mittels eines Hilfsantriebes auch als Treibachsen verwendbar sind, werden durch kleine lateinische Buchstaben gekennzeichnet.

Bei Lokomotiven, die aus mehreren je für sich allein arbeitsfähigen oder aus einzeln verfahrbaren Teilen ohne gemeinsamen Überbau zusammengesetzt sind, werden die Bezeichnungen der einzelnen Teilfahrzeuge durch das Symbol + verbunden.

DER NEUE NUMMERNPLAN

Am 1. Januar 1968 ist ein neues Schema zur Bezeichnung der Triebfahrzeuge der Deutschen Bundesbahn in Kraft getreten und hat damit das alte Nummernsystem für Elektrolokomotiven von 1927 abgelöst. Da sämtliche Betriebs- und Werkstättenabrechnungen und die Fahrzeugstatistiken künftig durch Computer einer Großrechenanlage elektronisch erfaßt und ausgewertet werden, mußten die alten Nummern der Triebfahrzeuge durch neue Schlüsselzahlen ersetzt werden. In diesen neuen Nummernschlüssel wurden außer allen Triebfahrzeugen auch die Bei-, Steuer- und Mittelwagen von Triebzügen mit einbezogen. Jedes dieser Fahrzeuge trägt nun eine sechsstellige **Kennnummer** und dahinter – durch einen waagrechten Strich getrennt – die **Kontrollziffer.**

In der sechsstelligen Zahl, die aus zwei durch einen kleinen Zwischenraum voneinander getrennten Dreiergruppen besteht, ist meist die alte Reichsbahn-Bezeichnung verborgen. Die drei Ziffern der ersten Gruppe stellen die **Baureihennummer** dar. Die darin an erster Stelle stehende 1 gibt den Hinweis, daß es sich nur um eine Elektrolokomotive handeln kann. Die erste Ziffer der ersten Gruppe kennzeichnet also die Fahrzeugart, die beiden nachfolgenden Ziffern sind in der Regel mit der alten Stammnummer identisch. Bei der Durchsicht der nachfolgenden Tabelle entdeckt man aber rasch einige Abweichungen, besonders bei der Eingliederung der Mehrsystem-Lokomotiven und bei den Maschinen mit vierstelligen Ordnungsnummern. Bei den letzteren entfiel die Tausenderstelle, die Unterscheidung ist durch neue Baureihennummern möglich. Diese Ausnahmen gelten für die Baureihen E 10^{12}, E 40^{11} und E 44^{11}. Die zweite Dreiergruppe im neuen System gibt die **Ordnungsnummer** der Lokomotiven an.

Die neuen Betriebsnummern für Elektrolokomotiven der DB

ALT	NEU	ALT	NEU
E 03	103	E 50	150
E 04	104	E 52	152
E 10	110	E 60	160
E 10^{12}	112	E 63	163
E 16	116	E 69	169
E 17	117	E 75	175
E 18	118	E 91	191
E 19	119	E 93	193
E 32	132	E 94	194
E 40	140	E 310	181
E 40^{11}	139	E 320	182
E 41	141	E 344	183
E 44	144	E 410	184
E 44^{11}	145		

Anmerkung: Die Lokomotiven der Baureihe E 44^5 erhielten im neuen Nummernplan die Baureihennummer 144 und Ordnungsnummern ab 501.

Nach der neuen Kennummer steht, wie bereits erwähnt, auch noch eine Kontrollziffer. Diese Kontrollziffer erhält man auf sehr einfache Weise. Unter die neue Fahrzeugnummer wird die Zahlengruppe 121 212 geschrieben. Nun werden die untereinander stehenden Ziffern miteinander multipliziert. Die Quersumme aus der nun neu erhaltenen Zahlenkombination wird sodann von der nächsthöheren Zehnerzahl subtrahiert, der verbleibende Rest ist dann die Kontrollziffer.

Beispiel:	alte Nummer: **E 03 001**	neue Nummer: 103 001
		Hilfsziffer: 121 212
		miteinander multipliziert: 103 002

Die Quersumme aus der Zahlenfolge 103 002 ist 6, die nächsthöhere Dekade ist 10. Die Differenz ergibt die Kontrollziffer 4. Die vollständige neue Nummer lautet demnach: **103 001 – 4**

Die neuen Betriebsnummern für Elektrolokomotiven der DR

ALT	NEU	ALT	NEU
E 04	204	E 51	251
E 11	211	E 94	254
E 18	218	E 95	255
E 42	242	E 251	225
E 44	244		

Im Gegensatz zur Deutschen Bundesbahn wählte die Deutsche Reichsbahn der DDR zur Kennzeichnung von Elektrolokomotiven die Ziffer 2. Ansonsten ergeben sich keine Unterschiede bezüglich der Stellenzahl und Gruppierung der Kennummer. Auch die Bestimmung der Kontrollziffer erfolgt in bereits bekannter Weise.

Die Lokomotiven

Baureihe E 00 02 (preuß. ES 2)

Achsanordnung	2'B 1'	Länge über Puffer	12 500 mm
Treibrad-Ø	1600 mm	Dienstlast	72,7 Mp
Laufrad-Ø	1000 mm	Reibungslast	32,4 Mp
Höchstgeschwindigkeit	110 km/h	Achslast max.	16,2 Mp
Stundenleistung	662 kW	Leistungskennziffer	9,12 kW/t
bei Geschwindigkeit	79 km/h	Stromsystem	$16^2/_3$ Hz, 15 kV
Dauerleistung	515 kW	Anzahl der Motoren	1
bei Geschwindigkeit	78 km/h	Antrieb	Stangen
Anfahrzugkraft	9000 kp	Steuerung	Schü
Stundenzugkraft	2100 kp	Anzahl der Dauerfahrstufen	7
Dauerzugkraft	1350 kp	Transformator	540 kVA, OS*

Indienststellung 1911

Betriebsnummer: E 00 02 später *OFU

Die KPEV bestellte bereits im Jahre 1909 die ersten drei elektrischen Schnellzuglokomotiven für die Strecke Dessau–Bitterfeld. Von der Firma Hanomag wurde der mechanische Teil gefertigt. Der Auftrag für die elektrische Ausrüstung erging an die Firmen AEG, SSW und BEW. Die von Hanomag und AEG gebaute Maschine war im Jahre 1911 während der Gewerbe- und Industrieausstellung in Turin ausgestellt worden. Ihren Dienst auf der Strecke Dessau–Bitterfeld trat sie im März 1911 an. Damals trug die Maschine die Betriebsnummer 10 502, nach 1920 erhielt sie die Bezeichnung ES 2 und danach die Betriebsnummer E 00 02. Ausgerüstet war die Lokomotive mit einem großen Motor der Bauart Winter-Eichberg. Die Kraftübertragung erfolgte über vertikale Treibstangen auf eine Blindwelle und von dort über horizontale Stangen auf die beiden Kuppelachsen. Die Lokomotive bewährte sich recht gut, sie wurde erst im Jahre 1927 ausgemustert. Zuvor war sie vier Jahre lang auf der Wiesen- und Wehratalbahn in Südbaden im Einsatz. Die beiden Schwestertypen ES 1 von SSW und die ES 3 von BEW waren im Aufbau der ES 2 sehr ähnlich, die ES 3 hatte jedoch eine Holzverkleidung. ES 1 und ES 3 wurden im Jahre 1923 ausgemustert. Die ES 2 erhielt nach ihrer Ausmusterung einen Ehrenplatz im Bau- und Verkehrsmuseum zu Berlin.

Baureihe E 01 (preuß. ES 9—19)

Achsanordnung	1'C 1'	Länge über Puffer	12 405 mm
Treibrad-Ø	1350 mm	Dienstlast	84,0 Mp
Laufrad-Ø	1000 mm	Reibungslast	51,0 Mp
Höchstgeschwindigkeit	110 km/h	Achslast max.	17,0 Mp
Stundenleistung	1325 kW	Leistungskennziffer	15,8 kW/t
bei Geschwindigkeit	45 km/h	Stromsystem	$16^2/_3$ Hz, 15 kV
Dauerleistung	885 kW	Anzahl der Motoren	1
bei Geschwindigkeit	km/h	Antrieb	Stangen
Anfahrzugkraft	16 000 kp	Steuerung	NZu
Stundenzugkraft	10 800 kp	Anzahl der Dauerfahrstufen	5
Dauerzugkraft	kp	Transformator	1100 kVA, OS

Indienststellung 1914

Betriebsnummern: E 01 09–19

Für den Schnellzugdienst auf Flachstrecken ließ Preußen ab 1912 elf 1'C 1'-Lokomotiven bauen. Für den mechanischen Teil zeichnete die BMAG verantwortlich, für den elektrischen Teil die MSW. Beim Bau dieser Maschinen konnte bereits auf die Erfahrungen mit den Fahrzeugen ES 1 bis ES 6 zurückgegriffen werden. Die elf Lokomotiven sollten zunächst mit den Nummern 10 509 bis 10 519 bezeichnet werden, sie erhielten dann aber die Bezeichnung ES 09–19 und bei der Reichsbahn die Betriebsnummern E 01 09–19. Der Antrieb der Blindwelle erfolgte vom großen zentral angeordneten Wechselstrom-Reihenschlußmotor über einen schrägen Parallelkurbelantrieb. Die vordere Laufachse war mit der ersten Kuppelachse in einem Krauss-Helmholtz-Gestell vereinigt worden. Als Adams-Achse war die hintere Laufachse ausgeführt. Bei dieser Lokomotivgattung wurde erstmals die Druckluft-Sandung angewandt. Vor einem der beiden Führerstände war freistehend der Transformator angeordnet, hinter dem anderen Führerstand ein Heizkessel für die Zugheizung. Im Gegensatz zu den beiden Versuchslokomotiven ES 5 und ES 6 hatten die Maschinen ES 09–19 einen vollkommen verkleideten Maschinenraum. In den Jahren 1926 bis 1932 erfolgte die Ausmusterung der Fahrzeuge, da sie den gestiegenen Anforderungen nicht mehr gewachsen waren.

Baureihe E 03 (Neubau DB)

Achsanordnung	Co'Co'	Länge über Puffer	19 500 mm
Treibrad-Ø	1250 mm	Dienstlast	114/117 Mp
Laufrad-Ø	– mm	Reibungslast	114/117 Mp
Höchstgeschwindigkeit	200* km/h	Achslast max.	18,8/20,2 Mp
Stundenleistung	6440/7200 kW	Leistungskennziffer	57,52 kW/t
bei Geschwindigkeit	200/183 km/h	Stromsystem	16²/₃ Hz, 15 kV
Dauerleistung	5950/7440 kW	Anzahl der Motoren	6
bei Geschwindigkeit	200/191 km/h	Antrieb	SKH/HVA
Anfahrzugkraft	32 000 kp	Steuerung	St
Stundenzugkraft	11 800 kp	Anzahl der Dauerfahrstufen	39
Dauerzugkraft	10 900 kp	Transformator	4750 kVA, OFU

Indienststellung 1965

Betriebsnummern: E 03 001–004, 103 009–014, 116, 123

* Lokomotive 103 118

Die bisher schnellsten und stärksten Elektrolokomotiven der Bundesbahn wurden für die Beförderung moderner TEE- und F-Züge entwickelt. Die Konstruktion ist eine Gemeinschaftsarbeit des BZA München und der Firmen Henschel und SSW. Der aus Leichtmetall-Bauteilen geschweißte Lokomotivkasten ist mit dem Brückenrahmen verschraubt, der als Stahlblech-Schweißkonstruktion ausgeführt ist. Für die federnde und seitenbewegliche Abstützung des Aufbaus sind auf jedem Längsträger der dreiachsigen Drehgestelle über dem mittleren Radsatz je 4 Schraubenfedern eingebaut. Die Lokomotiven 03 001 und 003 haben einen Verzweigerantrieb mit Gummidrehfeder und zweiseitigem Stirnradantrieb erhalten, die beiden anderen Maschinen einen Gummiring-Kardanantrieb mit einseitigem Stirnradgetriebe. Für Reisegeschwindigkeiten von 200 km/h mußten besondere Sicherheitseinrichtungen geschaffen werden. Hierzu zählen mehrere voneinander unabhängige Bremssysteme und eine Linienzugbeeinflussung. In den nächsten Jahren sollen insgesamt 200 Lokomotiven der Baureihe E 03 beschafft werden. Die Aufträge für 71 Stück, die bis Oktober 1971 geliefert werden sollen, wurden bereits erteilt. Von den ersten vier Maschinen unterscheiden sich die folgenden nur geringfügig.

Baureihe E 04 (Deutsche Reichsbahn)

Achsanordnung	1'Co 1'	Länge über Puffer	15 120 mm
Treibrad-ϕ	1600 mm	Dienstlast	92,0 Mp
Laufrad-ϕ	1000 mm	Reibungslast	61,4 Mp
Höchstgeschwindigkeit	110 km/h und 130* km/h	Achslast max.	20,5 Mp
Stundenleistung	2190 kW	Leistungskennziffer	23,8 kW/t
bei Geschwindigkeit	84/98* km/h	Stromsystem	$16^2/_3$ Hz, 15 kV
Dauerleistung	2010 kW	Anzahl der Motoren	3
b Geschwindigk.	87/102,5* km/h	Antrieb	Federtopf
Anfahrzugkraft	18 000/15 500* kp	Steuerung	NFein
Stundenzugkraft	9570/8220* kp	Anzahl der Dauerfahrstufen	15
Dauerzugkraft	8450/6480* kp	Transformator	1400 kVA, OFA

Indienststellung 1933/1934*

Betriebsnummern: E 04 01–08, E 04 09–23 *E 04 09–23

Nach der Elektrifizierung der Strecke Stuttgart–München in den Jahren 1931–34 übernahm die Baureihe E 17 aus dem Raume Leipzig den Schnellzugdienst. Auf den sächsischen Flachlandstrecken wurden dafür die neuen von der AEG entwickelten Lokomotiven der Reihe E 04 eingesetzt. Die erste Lieferung umfaßte zunächst 8 Maschinen. Ihnen folgten in den Jahren 1933/34 weitere 13 Fahrzeuge, die eine andere Übersetzung erhielten und für eine Höchstgeschwindigkeit von 130 km/h ausgelegt waren. Ansonsten waren keine baulichen Änderungen vorgenommen worden. Die dritte Serie mit den Maschinen E 04 22 und 23 stammt aus dem Jahre 1936. Die letzte Lok hatte eine Einrichtung für Wendezugbetrieb erhalten. Im mechanischen Teil lehnte sich die E 04 an die Konstruktion der E 17 an. Anstelle eines Gitterrahmens erhielt die E 04 aber einen einfachen Blechrahmen. Statt der Zwillingsmotoren wählte man drei Einzelmotoren. Der Federtopfantrieb nach Kleinow wurde beibehalten. Beide Laufachsen wurden mit den jeweils benachbarten Treibachsen zu einem Krauss-Helmholtz-Gestell vereinigt. Die Lokomotiven der Baureihe 04 kamen in den Direktionsbezirken Halle, Magdeburg und München zum Einsatz. Bei der DB verblieben nur die Maschinen E 04 17–22, weitere 14 Lokomotiven stehen in den Diensten der DR im Raume Halle–Leipzig.

Baureihe E 05 (Deutsche Reichsbahn)

Achsanordnung	1'Co 1'	Länge über Puffer	15 400 mm
Treibrad-Ø	1400 mm	Dienstlast	89,0 Mp
Laufrad-Ø	1000 mm	Reibungslast	59,2 Mp
Höchstgeschwindigkeit	110 km/h	Achslast max.	19,8 Mp
Stundenleistung	2160 kW	Leistungskennziffer	24,3 kW/t
bei Geschwindigkeit	97 km/h	Stromsystem	$16^2/_3$ Hz, 15 kV
Dauerleistung	1785 kW	Anzahl der Motoren	3
bei Geschwindigkeit	110 km/h	Antrieb	Tatzantrieb
Anfahrzugkraft	15 750 kp	Steuerung	N
Stundenzugkraft	8150 kp	Anzahl der Dauerfahrstufen	15
Dauerzugkraft	6750 kp	Transformator	1500 kVA, OFA

Indienststellung 1933

Betriebsnummern: E 05 001 und 002

Auch die Firma SSW beteiligte sich zu Beginn der dreißiger Jahre an der Entwicklung neuer Schnellzuglokomotiven, die vor allem den stark angestiegenen Verkehr im Raume Halle–Leipzig bewältigen sollten. Für Vergleiche mit der von der AEG entworfenen E 04 bestellte die Deutsche Reichsbahn bei den SSW drei in der äußeren Form recht ähnliche Maschinen. Bemerkenswerte und grundlegende Unterschiede waren beim Achsstand und bei der Art des Antriebes zu verzeichnen. Der Federtopfantrieb hatte seine Bewährungsprobe in schnellaufenden Maschinen bereits abgelegt, nun sollte versucht werden, ähnliches mit Tatzlagermotoren zu erreichen. Den mechanischen Teil der Fahrzeuge fertigte Henschel. Beim Bau der Lokomotiven waren besondere Probleme zu lösen, denn die Tatzlagermotoren verlangten einen Außenrahmen und ließen weder Bissel-Achsen noch Krauss-Helmholtz-Gestelle zu. Die Laufachsen als Adams-Achsen auszuführen, schied wegen der verlangten Höchstgeschwindigkeit von 110 km/h bzw. 130 km/h aus. Henschel entwickelte deshalb ein Lenkgestell, welches dem Bissel-Gestell gleichwertig war, jedoch keinen Drehzapfen und keine Deichsel benötigte. Die E 05 001 ging im Krieg verloren und die E 05 002 wurde 1962 von der DR verschrottet.

Baureihe E 05[1] (Deutsche Reichsbahn)

Achsanordnung	1'Co 1'	Länge über Puffer	15 400 mm
Treibrad-Ø	1400 mm	Dienstlast	90,0 Mp
Laufrad-Ø	1000 mm	Reibungslast	59,4 Mp
Höchstgeschwindigkeit	130 km/h	Achslast max.	20,1 Mp
Stundenleistung	2160 kW	Leistungskennziffer	24,0 kW/t
bei Geschwindigkeit	111 km/h	Stromsystem	$16^2/_3$ Hz, 15 kV
Dauerleistung	1785 kW	Anzahl der Motoren	3
bei Geschwindigkeit	126 km/h	Antrieb	Tatzantrieb
Anfahrzugkraft	13 350 kp	Steuerung	N
Stundenzugkraft	7150 kp	Anzahl der Dauerfahrstufen	15
Dauerzugkraft	5200 kp	Transformator	1500 kVA, OFA

Indienststellung 1933

Betriebsnummer: E 05 103

Die dritte Maschine der Baureihe E 05, ebenfalls von Henschel und den SSW, entsprach weitgehend den beiden anderen Lokomotiven dieser Reihe. Der Antrieb erfolgte ebenfalls von drei Tatzlagermotoren. Ein geändertes Übersetzungsverhältnis ließ eine Höchstgeschwindigkeit von 130 km/h zu. Die beiden Laufachsen waren jeweils mit einer Treibachse in einem Lenkgestell vereinigt, welches in der Wirkungsweise dem Krauss-Helmholtz-Gestell entsprach, jedoch zwei außerhalb der Rahmenwangen angeordnete Drehzapfen und Führungshebel aufwies. Zur Unterscheidung von den E 05 001 und 002 erhielt die dritte Maschine die Betriebsnummer E 05 103. Obwohl die Lokomotive bei Versuchsfahrten die beachtliche Höchstgeschwindigkeit von 163 km/h erreicht hatte, befriedigten die Laufeigenschaften der drei Fahrzeuge beim Einsatz im Reisezugdienst bei Geschwindigkeiten über 100 km/h nicht. Die Überlegenheit des Federtopfantriebes blieb unangetastet, und ein Nachbau von Maschinen der Reihe 05 unterblieb. Damit wurden zunächst auch die Versuche mit Tatzantrieben in schnellaufenden Lokomotiven eingestellt. Die E 05 103 war bis zum Winter 1964/65 im Reisezugdienst eingesetzt, danach wurde sie abgestellt und als Bahndienstfahrzeug verwendet.

Baureihe E 06 (preuß. ES 51—57)

Achsanordnung	2'C 2'	Länge über Puffer	15 750 mm
Treibrad-Ø	1600 mm	Dienstlast	111,6 Mp
Laufrad-Ø	1000 mm	Reibungslast	60,0 Mp
Höchstgeschwindigkeit	110 km/h	Achslast max.	20,0 Mp
Stundenleistung	2780 kW	Leistungskennziffer	25,0 kW/t
bei Geschwindigkeit	67 km/h	Stromsystem	$16^2/_3$ Hz, 15 kV
Dauerleistung	2330 kW	Anzahl der Motoren	1
bei Geschwindigkeit	76 km/h	Antrieb	Stangen
Anfahrzugkraft	18 700 kp	Steuerung	Schü
Stundenzugkraft	14 700 kp	Anzahl der Dauerfahrstufen	16
Dauerzugkraft	10 900 kp	Transformat.	1650 kVA, OFA/TF*

Indienststellung 1925 und 1926*

Betriebsnummern: E 06 01–07

*E 06 06 und 07

Als Anfang der zwanziger Jahre die Lokomotiven der Reihe ES 9–19 den Anforderungen im Schnellzugverkehr nicht mehr genügten, gab die Deutsche Reichsbahn neue Maschinen in Auftrag. Schwartzkopff entwickelte den mechanischen Teil, BEW lieferte die elektrische Ausrüstung. In Anlehnung an die Dampflokomotiven T 18 wurde die Achsfolge 2'C 2' gewählt. Ein riesiger Motor trieb über zwei Doppelparallel-Kurbelstangen die beiden Blindwellen an, die über Stangen mit den Treibachsen gekuppelt waren. Die erste Lokomotive wurde als ES 51 während der Eisenbahntechnischen Ausstellung im Herbst 1924 in Seddin vorgestellt. Diese Lok hatte noch einen Heizkessel für die Beheizung der Wagen erhalten. Vier weitere Maschinen der selben Ausführung, jedoch ohne Heizkessel im hinteren Fahrzeugteil, wurden bis 1925 geliefert. Verschiedene Änderungen im Aufbau und im elektrischen Teil wiesen die Lokomotiven ES 56 und 57 auf, die 1925 und 1926 in Dienst gestellt wurden. Die Maschinen bewährten sich zwar im Betrieb, verlangten aber einen sehr hohen Aufwand bei ihrer Unterhaltung. Die Baureihe E 06 war in den Direktionsbezirken Halle und Hannover im Einsatz. Einige Maschinen mußten wegen erlittener Kriegsschäden vor 1945 ausgemustert werden, die anderen, die bei der DR verblieben, folgten gegen 1956.

Baureihe E 06[1] (Deutsche Reichsbahn)

Achsanordnung	2'C 2'	Länge über Puffer	16 330 mm
Treibrad-∅	1600 mm	Dienstlast	110,0 Mp
Laufrad-∅	1000 mm	Reibungslast	60,0 Mp
Höchstgeschwindigkeit	110 km/h	Achslast max.	20,0 Mp
Stundenleistung	2780 kW	Leistungskennziffer	25,3 kW/t
bei Geschwindigkeit	67 km/h	Stromsystem	$16^2/_3$ Hz, 15 kV
Dauerleistung	2330 kW	Anzahl der Motoren	1
bei Geschwindigkeit	76 km/h	Antrieb	Stangen
Anfahrzugkraft	18 700 kp	Steuerung	Schü
Stundenzugkraft	14 700 kp	Anzahl der Dauerfahrstufen	18
Dauerzugkraft	10 900 kp	Transformator	1650 kVA, TF

Indienststellung 1927

Betriebsnummern: E 06 08–12

Obwohl 1925 die Ära der elektrischen Lokomotiven mit Stangenantrieb eigentlich zu Ende war, zumindest für schnellaufende Maschinen, folgte eine Neuauflage der E 06 wieder von der BMAG und den BEW. Das Fahrwerk blieb unverändert, nicht jedoch der Aufbau und verschiedene elektrische Einrichtungen. So entfiel der bei den sieben zuvor gelieferten Maschinen vorhandene schmale Vorbau. Der Lokomotivkasten war modernisiert worden und hatte nun zwei gerade Endführerstände mit je drei Stirnfenstern und mit abgeschrägten Ecken. Der Fahrmotor blieb in Größe und Ausführung unverändert. Verbesserungen erfuhr die Kühlluftführung für Trockentransformator und Motor. Die Lüfteröffnungen wurden nach oben zwischen die Seitenfenster verlegt. Zur Unterscheidung von den anderen bereits gelieferten Lokomotiven erhielt die Serie von 1928 die Baureihenbezeichnung E 06^{1}. Auch diese Maschinen waren auf den Flachstrecken der Direktionen Halle und Hannover im Einsatz, allerdings meist im Personenzugdienst und nur selten vor Schnellzügen, wie eigentlich vorgesehen. Trotz mannigfacher Umstände und Probleme bei der Wartung der Lokomotiven war die Reihe E 06^{1} eine bemerkenswerte Lokomotivgattung, die ihre Leistungsfähigkeit vor schwersten Personenzügen immer wieder bewies. Die letzten E 06^{1} wurden 1956 von der DR ausgemustert.

Baureihe E 10 001 (Neubau DB)

Achsanordnung	Bo'Bo'	Länge über Puffer	16 100 mm
Treibrad-Ø	1350 mm	Dienstlast	83,3 Mp
Laufrad-Ø	– mm	Reibungslast	83,3 Mp
Höchstgeschwindigkeit	130 km/h	Achslast max.	20,8 Mp
Stundenleistung	3800 kW	Leistungskennziffer	46,6 kW/t
bei Geschwindigkeit	94 km/h	Stromsystem	$16^2/_3$ Hz, 15 kV
Dauerleistung	3680 kW	Anzahl der Motoren	4
bei Geschwindigkeit	95 km/h	Antrieb	Alsthom
Anfahrzugkraft	26 000 kp	Steuerung	WLF
Stundenzugkraft	14 840 kp	Anzahl der Dauerfahrstufen	18
Dauerzugkraft	14 240 kp	Transformator	2750 kVA, OFU

Indienststellung 1952

Betriebsnummer: E 10 001

Fünf Jahre nach dem Zweiten Weltkrieg begann die Deutsche Bundesbahn nach harter Aufbauarbeit zusammen mit der deutschen Lokomotivindustrie mit der Entwicklung neuer und leistungsfähiger Elektrolokomotiven. Ursprünglich sollte die Baureihe E 44 in verbesserter Ausführung weitergebaut werden. Dann entschloß man sich zur Neukonstruktion einer Mehrzwecklokomotive nach dem Vorbild der Gattung Re 4/4 der SBB. Die erste der neuen Probemaschinen lieferten Krauss-Maffei und die AEG im Herbst 1952, sie war als laufachslose Drehgestell-Lokomotive ausgeführt und erhielt die Betriebsnummer E 10 001. Brückenrahmen und Aufbau waren weitgehend geschweißt und stützen sich in sechs Punkten auf den beiden zweiachsigen Drehgestellen ab. In den ebenfalls aus Blechteilen geschweißten Drehgestellen wurde der Hohlwellenantrieb mit Gelenkkupplung der Bauart ALSTHOM untergebracht. Die beiden Drehgestelle mit je 2 vierzehnpoligen Einphasen-Reihenschlußmotoren sind mit einer Querkupplung verbunden. Zu den Sicherheitseinrichtungen zählen eine weg- und zeitabhängige Sicherheitsfahrschaltung und eine induktive Zugbeeinflussung. Nach einem sehr umfangreichen Versuchsprogramm kam die E 10 001 zum Bw Nürnberg Hbf. und hat dort im planmäßigen Einsatz bereits mehr als 2 Millionen Kilometer zurückgelegt.

Baureihe E 10 002 (Neubau DB)

Achsanordnung	Bo'Bo'	Länge über Puffer	16 650 mm
Treibrad-⌀	1250 mm	Dienstlast	82,1 Mp
Laufrad-⌀	– mm	Reibungslast	82,1 Mp
Höchstgeschwindigkeit	130 km/h	Achslast max.	20,5 Mp
Stundenleistung	3290 kW	Leistungskennziffer	40,0 kW/t
bei Geschwindigkeit	79 km/h	Stromsystem	$16^{2}/_{3}$ Hz, 15 kV
Dauerleistung	3020 kW	Anzahl der Motoren	4
bei Geschwindigkeit	85 km/h	Antrieb	Scheiben-Antrieb
Anfahrzugkraft	26 000 kp	Steuerung	StL
Stundenzugkraft	15 200 kp	Anzahl der Dauerfahrstufen	28
Dauerzugkraft	13 000 kp	Transformator	3080 kVA, OFU

Indienststellung 1952

Betriebsnummer: E 10 002

Die zweite Probelokomotive der Baureihe E 10 wurde im mechanischen Teil von Krupp und in der elektrischen Ausrüstung von BBC erstellt. Wie bei der E 10 001 war das vorgesehene Betriebsprogramm der Mehrzweckeinsatz vor Reise- und Güterzügen. Der geschweißte Brükkenrahmen mit den Zug- und Stoßvorrichtungen ruht auf den Drehzapfen und auf je zwei seitlichen Abstützungen auf den beiden ebenfalls aus Kastenprofilen geschweißten zweiachsigen Drehgestellen. Brückenrahmen und geschweißter Lokomotivkasten bilden eine selbsttragende Einheit. Die beiden Stromabnehmer stellen eine Neuentwicklung dar und sind als SBS 57 bezeichnet. Völlig neu ist auch der von BBC geschaffene Hauptschalter mit Druckluftschnellbetätigung, den später alle DB-Lokomotiven erhielten. Die Steuerung wurde bereits für den Einsatz im Wendezugbetrieb und für Mehrfachtraktion ausgelegt. Der BBC-Scheibenantrieb, ein Kardanantrieb mit Gelenken aus Stahlscheiben, hatte seine Bewährungsprobe schon in einigen Lokomotiven der BLS bestanden. Die beiden Drehgestelle sind durch eine gefederte Querkupplung miteinander verbunden. Alle Einrichtungen zur Zugsicherung entsprechen jenen der Lokomotive E 10 001. Auch mit der E 10 002 wurden zahlreiche Probefahrten durchgeführt, bevor auch sie beim Bw Nürnberg Hbf. zum planmäßigen Einsatz kam.

Baureihe E 10 003 (Neubau DB)

Achsanordnung	Bo'Bo'	Länge über Puffer	15 900 mm
Treibrad-Ø	1250 mm	Dienstlast	80,3 Mp
Laufrad-Ø	– mm	Reibungslast	80,3 Mp
Höchstgeschwindigkeit	130 km/h	Achslast max.	20,1 Mp
Stundenleistung	3800 kW	Leistungskennziffer	47,3 kW/t
bei Geschwindigkeit	91 km/h	Stromsystem	$16^2/_3$ Hz, 15 kV
Dauerleistung	3600 kW	Anzahl der Motoren	4
bei Geschwindigkeit	91 km/h	Antrieb	Gummiringantrieb
Anfahrzugkraft	28 000 kp	Steuerung	St LZ
Stundenzugkraft	15 360 kp	Anzahl der Dauerfahrstufen	33
Dauerzugkraft	14 560 kp	Transformator	3000 kVA, OFU

Indienststellung 1952

Betriebsnummer: E 10 003

Auch bei SSW wurden gegen 1950 die bereits in den Jahren vor 1945 begonnenen Entwicklungsarbeiten für eine vierachsige Universallokomotive für Schnellzüge, Personenzüge und Güterzüge wieder aufgenommen. Als Weiterentwicklung der E 44 entstand in Gemeinschaftsarbeit mit Henschel die E 10 003. Das Betriebsprogramm entsprach genau jenem der anderen Versuchslokomotiven, die zu jener Zeit im Bau waren. Wie sie, sollte auch die E 10 003 in der Lage sein, Güterzüge mit einer Anhängelast von 900 t auf Rampen mit 10 ‰ zu befördern. Besonders schwere Güterzüge sollten dann in Doppeltraktion gefahren werden, wobei dann nur die Besetzung der ersten Lok vorgesehen wurde. Als Antrieb erhielt die Maschine den SSW-Gummiringantrieb, der später bei vielen anderen Neubaulokomotiven eingebaut wurde. Die Konstruktion und der Aufbau der Lokomotive unterschieden sich nicht sehr wesentlich von den anderen Vorserienmaschinen. Nahezu alle Teile und Baugruppen waren wieder geschweißt worden. Die Motoren sind zwölfpolig, und die Stromabnehmer SBS 56 wurden aus älteren Stromabnehmern entwickelt. Vor ihrem planmäßigen Einsatz im Reisezugdienst des Bw Nürnberg Hbf. mußte die E 10 003 ihre Leistungsfähigkeit auch auf der Arlbergstrecke in Österreich unter Beweis stellen.

Baureihe E 10 004/005 (Neubau DB)

Achsanordnung	Bo'Bo'	Länge über Puffer	15 900 mm
Treibrad-Ø	1250 mm	Dienstlast	80,0 Mp
Laufrad-Ø	– mm	Reibungslast	80,0 Mp
Höchstgeschwindigkeit	130 km/h	Achslast max.	20,0 Mp
Stundenleistung	3440 kW	Leistungskennziffer	43,0 kW/t
bei Geschwindigkeit	98 km/h	Stromsystem	$16^2/_3$ Hz, 15 kV
Dauerleistung	3280 kW	Anzahl der Motoren	4
bei Geschwindigkeit	100 km/h	Antrieb	Sécheron-Lamellen
Anfahrzugkraft	26 000 kp	Steuerung	StL
Stundenzugkraft	12 880 kp	Anzahl der Dauerfahrstufen	28
Dauerzugkraft	12 040 kp	Transformator	3080 kVA, OFU

Indienststellung 1953

Betriebsnummern: E 10 004 und 005

Rund ein Jahr nach den ersten drei Lokomotiven der Baureihe E 10 wurden die vierte und fünfte Maschine in Dienst gestellt. Henschel lieferte den mechanischen Teil, AEG unter Mitarbeit von BBC die elektrische Ausrüstung. Als Antrieb wählte man den Sécheron-Antrieb mit Torsionsstab und Lamellenkupplung. Lokomotivkasten und Brükkenrahmen entsprechen in der Ausführung jenem der Maschine E 10 003, sie unterscheiden sich nur in der Anordnung der Fenster- und Lüfteröffnungen. Die elektrische Ausrüstung gleicht weitgehend den Teilen der E 10 001 und 002. Als Stromabnehmer bevorzugte man die Bauart SBS 56. Wie alle anderen Probelokomotiven erhielten die E 10 004 und 005 eine Sicherheitsfahrschaltung und induktive Zugbeeinflussung. Durch verschiedene konstruktive Maßnahmen konnte bei diesen letzten Vorserienmaschinen Material und damit auch Gewicht eingespart werden. Mit der E 10 004 wurden zunächst sehr eingehende Untersuchungen angestellt, die E 10 005 kam dagegen sofort zum Bw Nürnberg Hbf. in den planmäßigen Dienst. Die Deutsche Bundesbahn ließ keine der fünf Versuchslokomotiven nachbauen, da man von dem Vorhaben, eine Universallokomotive zu schaffen, Abstand nahm. Die gewonnenen Erfahrungen konnten aber später beim Bau anderer Lokomotivtypen nutzbringend verwertet werden.

Baureihe E 10[1] (Neubau DB)

Achsanordnung	Bo'Bo'	Länge über Puffer	16 490 mm
Treibrad-⌀	1250 mm	Dienstlast	84,6 Mp
Laufrad-⌀	– mm	Reibungslast	84,6 Mp
Höchstgeschwindigkeit	150 km/h	Achslast max.	21,2 Mp
Stundenleistung	3700 kW	Leistungskennziffer	43,7 kW/t
bei Geschwindigkeit	120 km/h	Stromsystem	$16^2/_3$ Hz, 15 kV
Dauerleistung	3620 kW	Anzahl der Motoren	4
bei Geschwindigkeit	123 km/h	Antrieb	Gummiringfeder
Anfahrzugkraft	28 000 kp	Steuerung	StL
Stundenzugkraft	11 250 kp	Anzahl der Dauerfahrstufen	28
Dauerzugkraft	10 900 kp	Transformator	4040 kVA, OFU

Indienststellung 1956

Betriebsnummern: E 10 101–264, E 10 271–287

Die Versuche mit den Probelokomotiven der Baureihe E 10 verliefen zwar erfolgreich, sie zeigten aber auch, daß es zweckmäßiger ist, neue Lokomotiven entsprechend den geplanten Einsatzgebieten auszulegen, also mehrere Baureihen für die verschiedenen Dienste zu schaffen. Zunächst waren vier neue Lokomotivbaureihen vorgesehen, darunter die $E\,10^1$ für den schweren Schnell- und Eilzugdienst auf Hauptbahnen. Bei der Bauausführung konnte man auf bereits vorliegende Erfahrungen zurückgreifen. Der mechanische Teil wurde bei Krauss-Maffei und die elektrische Ausrüstung bei SSW konzipiert. Am Serienbau beteiligen sich aber auch die anderen Firmen wie Henschel, Krupp, AEG und BBC. Brückenrahmen und Kastengerippe sind eine Schweißkonstruktion, auf die dann die Bekleidungsbleche aufgeschweißt werden. Als Antrieb wurde der SSW-Gummiringfederantrieb bevorzugt, der schon in den Maschinen E 44 038 und E 10 003 erprobt werden konnte. Die Scherenstromabnehmer sind eine Neuentwicklung, sie haben die Bezeichnung DBS 54a erhalten. Alle Achsen laufen in zweireihigen Pendelrollenlagern, und als Antriebsmotoren wurden vierzehnpolige Einphasen-Reihenschlußmotoren eingebaut. Die Lokomotiven wurden mit einer fahrdrahtunabhängigen gleichstromerregten Widerstandsbremse, Sifa und Indusi ausgerüstet.

Baureihe E 10^3 (Neubau DB)

Achsanordnung	Bo'Bo'	Länge über Puffer	16 440 mm
Treibrad-∅	1250 mm	Dienstlast	86,0/88,8*/86,4* Mp
Laufrad-∅	– mm	Reibungslast	86,0/88,8*/86,4* Mp
Höchstgeschw.	150/200 km/h	Achslast max.	21,5/22,2*/21,6* Mp
Stundenleistung	3700 kW	Leistungskennziffer	ca. 43,0 kW/t
bei Geschwindigk.	120/162* km/h	Stromsystem	$16\frac{2}{3}$ Hz, 15 kV
Dauerleistung	3620 kW	Anzahl der Motoren	4
bei Geschwindigk.	123/166* km/h	Antrieb	Gummiringfeder
Anfahrzugkraft	28 000/22 500* kp	Steuerung	StL
Stundenzugkraft	11 250/8450* kp	Anzahl der Dauerfahrstufen	28
Dauerzugkraft	10 900/8000* kp	Transformator	4040 kVA, OFU

Indienststellung 1963

Betriebsnummern: E 10 288–307, E 10 313–484, E 10 505–510. Ausgemustert E 10 433

* E 10 299 und 300

Die Lokomotiven der neuen Baureihe E 10^1 bewährten sich recht gut. Von 1956 bis 1963 wurden sie, von wenigen Ausnahmen abgesehen, unverändert gebaut. Ab der Betriebsnummer E 10 288 änderte sich dann aber das Äußere der Maschinen. Ein aerodynamischer Kastenaufbau, verkleidete Puffer, eine Schürze unter den Puffern und ein an beiden Seiten ganz durchlaufendes Jalousieband sind einige der besonderen Merkmale. Später wurden dann auch noch einige elektrische Bauteile geändert. Für den Einsatz vor F- und TEE-Zügen erhielten einige Maschinen einen blau-gelben und weinrot-gelben Anstrich und die Bezeichnung E 10^{12}. Die Serie jedoch blieb blau, später blau mit hellgrauem Brückenrahmen. Zur Untersuchung höherer Fahrgeschwindigkeiten rüstete Henschel die Lokomotive E 10 299 mit einem neuartigen Verzweigerantrieb mit Gummidrehfeder aus. Eine zweite Maschine, die E 10 300, hat einen von den SSW entwickelten Gummiring-Kardanantrieb erhalten. In den Monaten Oktober und November 1963 erreichten beide Lokomotiven auf der Strecke Bamberg–Forchheim die beachtlichen Geschwindigkeiten von 200 km/h. In den beiden Maschinen konnten auch mehrere neue Sicherheitseinrichtungen erprobt werden. Die bei diesen Fahrten gesammelten Erfahrungen konnten dann beim Bau der Reihe E 03 berücksichtigt werden.

Baureihe E 10^{12} (Neubau DB)

Achsanordnung	Bo'Bo'	Länge über Puffer	16 440 mm
Treibrad-Ø	1250 mm	Dienstlast	86,0 Mp
Laufrad-Ø	– mm	Reibungslast	86,0 Mp
Höchstgeschwindigkeit	160 km/h	Achslast max.	21,5 Mp
Stundenleistung	3700 kW	Leistungskennziffer	43,0 kW/t
bei Geschwindigkeit	132 km/h	Stromsystem	$16^{2}/_{3}$ Hz, 15 kV
Dauerleistung	3620 kW	Anzahl der Motoren	4
bei Geschwindigkeit	138 km/h	Antrieb	Gummiringfeder
Anfahrzugkraft	27 500 kp	Steuerung	StL
Stundenzugkraft	10 250 kp	Anzahl der Dauerfahrstufen	28
Dauerzugkraft	9 900 kp	Transformator	4040 kVA, OFU

Indienststellung 1962

Betriebsnummern: E 10 1265–1270, E 10 1308–1312, 112 485–504

Die Lokomotiven der Baureihe E 10^{12} sind vorwiegend zur Beförderung der Rheingold- und Rheinpfeilzüge bestimmt. Ihr Anstrich in Weinrot/Beige wurde deshalb den Wagen der TEE-Züge angeglichen. Die Konstruktion und Bauausführung ist eine Gemeinschaftsarbeit der Firmen Krauss-Maffei, Henschel und SSW. Im technischen und elektrischen Aufbau entsprechen die Maschinen weitgehend der Baureihe E 10^{3}. Durch eine Änderung der Übersetzung wurde jedoch die Höchstgeschwindigkeit auf 160 km/h erhöht. Bereits im Mai 1962 hatte die DB sechs Lokomotiven der Baureihe E 10^{1} mit einer Höchstgeschwindigkeit von 160 km/h in Dienst gestellt. Zur Unterscheidung von den anderen Maschinen trugen sie die Farben der Rheingoldzüge und die Baureihennummern E 10 1239–1244. Schon vom Herbst 1962 an wurden die Lokomotiven wieder in die Regelausführung zurückgebaut und unter den Nummern E 10 239–244 geführt. Die Drehgestelle der schnellen Ausführung kamen dann bei den neuen von Krauss-Maffei gelieferten Maschinen E 10 1265–1270 zum Einbau. Auch die anderen Lokomotiven E 10 1308–1312 hatten Drehgestelle erhalten, die zuvor unter den Fahrzeugen E 10 250 und 254 erprobt worden waren. Die Maschinen der Reihen E 10^{12} und E 10^{13} sind außer der E 03 die schnellsten der DB.

Baureihe E 11 001/002 (Neubau DR)

Achsanordnung	Bo'Bo'	Länge über Puffer	16 260 mm
Treibrad-⌀	1350 mm	Dienstlast	82,5 Mp
Laufrad-⌀	– mm	Reibungslast	82,5 Mp
Höchstgeschwindigkeit	120 km/h	Achslast max.	20,6 Mp
Stundenleistung	2800 kW	Leistungskennziffer	34,0 kW/t
bei Geschwindigkeit	98 km/h	Stromsystem	$16^2/_3$ Hz, 15 kV
Dauerleistung	2600 kW	Anzahl der Motoren	4
bei Geschwindigkeit	95 km/h	Antrieb	Tatzantrieb
Anfahrzugkraft	22 400 kp	Steuerung	NFein
Stundenzugkraft	10 300 kp	Anzahl der Dauerfahrstufen	14
Dauerzugkraft	9 100 kp	Transformator	2500 kVA, OFU

Indienststellung 1961

Betriebsnummern: E 11 001 und 002

Nahezu 10 Jahre nach der Deutschen Bundesbahn begann auch die Deutsche Reichsbahn mit der Modernisierung ihres Fahrzeugparks und mit dem Neubau elektrischer Lokomotiven. Verhandlungen mit der DB wegen eines Nachbaus der Baureihe E 10 waren zuvor erfolglos geblieben. Da auf dem heutigen Gebiet der DDR früher keine Elektrolokomotiven für $16^2/_3$ Hz gebaut worden waren, lagen keine eigenen Erfahrungen vor. Im Jahre 1957 erhielt dann der VEB LEW „Hans Beimler“ den Auftrag zur Entwicklung von zwei laufachslosen Probelokomotiven. Nahezu alle Bauteile und Baugruppen wurden in Zusammenarbeit mit dem Zentralamt der DR entwickelt. Der Lokomotivkasten entstand in Schweißausführung als selbsttragende Konstruktion aus Stahlprofilen und aus Stahlblechen. Auch die Drehgestelle wurden aus dünnen Blechen und Profilen zusammengeschweißt. Zur Bestimmung der Werte für die elektrische Ausrüstung unternahm die DR verschiedene Meßfahrten mit der Lokomotive E 18 31 der VES-M Halle. Im Februar des Jahres 1961 konnten die beiden Maschinen dann schließlich in Dienst gestellt werden. Mit der E 11 001 führte die VES-M umfangreiche Versuchsfahrten durch. Verschiedene Mängel, die zutage traten, wurden dann bei der E 11 002 beseitigt, die dabei auch einen Gummiringantrieb erhalten hat.

Baureihe E 11 (Neubau DR)

Achsanordnung	Bo'Bo'	Länge über Puffer	16 260 mm
Treibrad-ϕ	1350 mm	Dienstlast	82,5 Mp
Laufrad-ϕ	– mm	Reibungslast	82,5 Mp
Höchstgeschwindigkeit	120 km/h	Achslast max.	20,6 Mp
Stundenleistung	2760/2920* kW	Leistungskennz.	33,5/35,5* kW/t
bei Geschwindigk.	104/98* km/h	Stromsystem	$16^2/_3$ Hz, 15 kV
Dauerleistung	2600/2740* kW	Anzahl der Motoren	4
bei Geschw.	109/104* km/h	Antrieb	Tatzantrieb
Anfahrzugkraft	22 000 kp	Steuerung	NFein
Stundenzugkraft	9300/10 400* kp	Anzahl der Dauerfahrstufen	14
Dauerzugkraft	8400/9200* kp	Transformator	3100 kVA, OFU

Indienststellung 1962

Betriebsnummern: E 11 003–051

* ab E 11 008

Nach den Versuchsfahrten mit den beiden Probelokomotiven E 11 001 und E 11 002, die sich über eine Zeit von ungefähr 18 Monaten erstreckte, lief der Serienbau der E 11 beim VEB LEW in größerem Umfang an. Im großen und ganzen entsprach die Serienlokomotive weitgehend den Versuchslokomotiven, deren kleinere Mängel während der Erprobung beseitigt werden konnten. Geändert wurden vor allem die Anordnung und Ausführung der seitlichen Lüftergitter. Bis auf einige Änderungen bei der Anordnung verschiedener Einrichtungen blieb die elektrische Ausrüstung nahezu unverändert. Die Serienlokomotiven haben einen Tatzantrieb erhalten, der jederzeit gegen einen elastischen Gummiringfederantrieb ausgetauscht werden kann. Die vier Fahrmotoren sind zwölfpolige Wechselstrom-Reihenschlußmotoren. Die Steuerung der Maschinen ist so ausgelegt, daß die Fahrzeuge sowohl im Wendezugdienst als auch in Mehrfachtraktion eingesetzt werden können. Ab der Betriebsnummer E 11 043 wurden einige Änderungen im elektrischen Teil vorgenommen, die zuvor bei der inzwischen geschaffenen Reihe E 42 erprobt worden waren. Aus der E 11 soll die Mehrzwecklok $E\,11^{10}$ und die Schnellfahrlok $E\,11^{20}$ entwickelt werden. Dieses Programm soll bereits zu Beginn der siebziger Jahre realisiert werden.

Baureihe E 15 (Deutsche Reichsbahn)

Achsanordnung	(1'Bo) (Bo 1')	Länge über Puffer	16 836 mm
Treibrad-Ø	1400 mm	Dienstlast	103,5 Mp
Laufrad-Ø	1000 mm	Reibungslast	73,5 Mp
Höchstgeschwindigkeit	110 km/h	Achslast max.	18,8 Mp
Stundenleistung	2760 kW	Leistungskennziffer	26,7 kW/t
bei Geschwindigkeit	85 km/h	Stromsystem	$16^2/_3$ Hz, 15 kV
Dauerleistung	2280 kW	Anzahl der Motoren	4
bei Geschwindigkeit	94 km/h	Antrieb	Tatzantrieb
Anfahrzugkraft	20 900 kp	Steuerung	Schü
Stundenzugkraft	11 900 kp	Anzahl der Dauerfahrstufen	21
Dauerzugkraft	8920 kp	Transformator	2100 kVA, OFA

Indienststellung 1927

Betriebsnummer: E 15 01

Nachdem für die Gruppenverwaltung Bayern der Deutschen Bundesbahn im Jahre 1922 ein Auftrag zum Bau von Schnellzuglokomotiven mit Einzelachsantrieb an Krauss und BBC ergangen war, sollte auch der Lokomotivbau im Norden belebt werden. Die Firmen SSW und Borsig erhielten den Auftrag, ebenfalls zwei Lokomotiven mit Einzelachsantrieb zu entwickeln. Eine der Maschinen mit der Achsfolge (1'Bo) (Bo 1') und mit Tatzlagerantrieb wurde im Jahre 1927 als E 18 01 in Dienst gestellt und 1935 nach Erscheinen der E 18 neuer Bauart in E 15 01 umbenannt. Die Konstruktion war gekennzeichnet durch die beiden genieteten Drehgestelle mit je zwei festgelagerten Treibachsen und je einer am Drehgestellrahmen angelenkten Laufachse. Ein kräftiger, ebenfalls genieteter Brückenrahmen trug den Lokomotivkasten. Die beiden Vorbauten waren direkt auf den Drehgestellen angeordnet. Zur Übertragung der Zug- und Stoßkräfte waren beide Drehgestelle mit einer kräftigen Mittelkupplung verbunden. Zum Antrieb dienten vier zehnpolige Wechselstrom-Reihenschlußmotoren. Der Lauf der Maschine konnte nicht befriedigen, sie war nach den Versuchsfahrten zuerst in Halle und bis 1946 in Leipzig eingesetzt. Als Einzelstück wurde die Lokomotive im Jahre 1953 ausgemustert und 1962 von der DR verschrottet.

Baureihe E 16 (bayer. ES 1)

Achsanordnung	1'Do 1'	Länge über Puffer	16 300 mm
Treibrad-Ø	1640 mm	Dienstlast	110,8 Mp
Laufrad-Ø	1000 mm	Reibungslast	80,2 Mp
Höchstgeschwindigkeit	120 km/h	Achslast max.	20,1 Mp
Stundenleistung	2340/2580* kW	Leistungskennz.	21,15/23,3* kW/t
bei Geschwindigkeit	88/85* km/h	Stromsystem	$16^2/_3$ Hz, 15 kV
Dauerleistung	2020/2400* kW	Anzahl der Motoren	4
bei Geschwindigkeit	94/88* km/h	Antrieb	Buchli-Antrieb
Anfahrzugkraft	14 500/20 000* kp	Steuerung	Schl
Stundenzugkraft	9760/11 100* kp	Anzahl der Dauerfahrstufen	18
Dauerzugkraft	7880/10 000* kp	Transformator	1750 kVA, OSA

Indienststellung 1926/1927*

Betriebsnummern: E 16 01–17

*ab E 16 11

Für die in den zwanziger Jahren zur Elektrifizierung vorgesehenen Strecken in Bayern mußte die Deutsche Reichsbahn dringend Lokomotiven für den schweren Schnellzugdienst beschaffen. Es sollten zunächst zehn Maschinen mit je vier einzeln angetriebenen Achsen sein, man verließ also den bislang üblichen Stangenantrieb. Die Ausschreibung schleppte sich über eine längere Zeit hin, dann aber erhielt BBC den Zuschlag für eine Maschine mit dem zuvor für die SBB entwickelten Buchli-Antrieb. Obwohl dieser einseitige Antrieb einigen Aufwand bei der Wartung verlangt, bewähren sich die Lokomotiven der Reihe E 16 seit über 40 Jahren recht gut. Die ersten 10 Maschinen waren im Jahre 1926 mit den bayerischen Nummern ES 1 21 001–010 zum Einsatz gelangt, ein Jahr später folgten 7 weitere Maschinen in verstärkter Ausführung. Die elektrische Ausrüstung mit den zwölfpoligen Motoren waren ebenfalls schon in der Schweiz erprobt worden. Den mechanischen Teil lieferte Krauss. Die Laufachsen der ersten fünf Maschinen waren mit den benachbarten Treibachsen in einem Buchli-Gestell vereinigt, die nächsten fünf Fahrzeuge erhielten Krauss-Helmholtz-Gestelle. Mit Ausnahme der E 16 11 bis 13, die dem Krieg zum Opfer fielen, waren alle anderen Lokomotiven zu Anfang des Jahres 1970 noch im Dienst der DB.

Baureihe E 16^1 (Deutsche Reichsbahn)

Achsanordnung	1'Do 1'	Länge über Puffer	16 300 mm
Treibrad-∅	1640 mm	Dienstlast	110,8 Mp
Laufrad-∅	1000 mm	Reibungslast	80,2 Mp
Höchstgeschwindigkeit	120 km/h	Achslast max.	20,1 Mp
Stundenleistung	2944 kW	Leistungskennziffer	26,6 kW/t
bei Geschwindigkeit	83 km/h	Stromsystem	$16^2/_3$ Hz, 15 kV
Dauerleistung	2655 kW	Anzahl der Motoren	4
bei Geschwindigkeit	88 km/h	Antrieb	Buchli-Antrieb
Anfahrzugkraft	20 000 kp	Steuerung	Schl
Stundenzugkraft	13 000 kp	Anzahl der Dauerfahrstufen	18
Dauerzugkraft	11 070 kp	Transformator	1960 kVA, OSA

Indienststellung 1931

Betriebsnummern: E 16 18–21

Für die von München ausgehenden Strecken für elektrischen Betrieb mußten weitere Schnellzuglokomotiven beschafft werden. Da recht gute Erfahrungen mit der Baureihe E 16 vorlagen, wurden 1929 und 1930 bei Krauss und BBC insgesamt vier weitere Maschinen bestellt. Nach ihrer Lieferung im Jahre 1931 erhielten sie die Nummern E 16 18 bis 21 und wurden aufgrund ihrer baulichen Änderungen als Baureihe E 16^{1} geführt. Die Änderungen am Fahrzeugteil betrafen in erster Linie die schweren Stahlgußgehäuse für die großen Zahnräder des Buchli-Antriebes, die durch einen Stahlgußrahmen ersetzt wurden. In diesem Rahmen wurden auch die Zahnräder gelagert und die Lagerzapfen in Schutzkästen aus Silumin untergebracht. Auch die elektrische Ausrüstung erfuhr einige Verbesserungen. Durch Veränderung der Wicklung konnte die Leistung der Fahrmotoren geringfügig um knapp 10 % gesteigert werden. Die Motoren wurden außerdem mit neuen Fahrtwendeschaltern versehen. Weitere Änderungen ergaben sich bei mehreren anderen Einrichtungen und Geräten. Die Lokomotiven der drei verschiedenen Bauserien der Reihe 16 blieben die einzigen deutschen Maschinen mit Buchli-Antrieb. Die Maschinen der letzten Lieferung sind seit ihrer Indienststellung beim Bw Freilassing stationiert, sie werden dort auch weiterhin eingesetzt.

Baureihe E 16[5] (Deutsche Reichsbahn)

Achsanordnung	1'Do 1'	Länge über Puffer	16 960 mm
Treibrad-⌀	1400 mm	Dienstlast	106,6 Mp
Laufrad-⌀	1000 mm	Reibungslast	75,3 Mp
Höchstgeschwindigkeit	120 km/h	Achslast max.	19,2 Mp
Stundenleistung	2800 kW	Leistungskennziffer	26,3 kW/t
bei Geschwindigkeit	90 km/h	Stromsystem	$16^2/_3$ Hz, 15 kV
Dauerleistung	2300 kW	Anzahl der Motoren	4
bei Geschwindigkeit	100 km/h	Antrieb	Tatzantrieb
Anfahrzugkraft	20 900 kp	Steuerung	Schü
Stundenzugkraft	11 400 kp	Anzahl der Dauerfahrstufen	21
Dauerzugkraft	8420 kp	Transformator	2100 kVA, TF

Indienststellung 1928

Betriebsnummer: E 16 101

Für die von der Reichsbahn geplanten Vergleichsuntersuchungen erhielten Borsig und SSW im Jahre 1925 den Auftrag, auch eine 1'Do 1'-Schnellzuglokomotive zu entwickeln. Die Maschine wurde dann im Jahre 1928 als E 16 101 in Dienst gestellt und hat zur Unterscheidung von den bayerischen Maschinen der Baureihe E 16^1 die Bezeichnung E 16^5 erhalten, sie fällt damit aus dem Rahmen des üblichen Nummernsystems. Bis auf die Anordnung von Fenstern und Lüfterjalousien, gleicht der Aufbau der Lok sehr jenem der E 15 01, von der sie sich hauptsächlich durch den durchgehenden Blechrahmen unterscheidet. Bis auf den luftgekühlten Haupttransformator in Mantelbauweise, weicht auch die elektrische Ausrüstung nur unwesentlich von der E 15 01 ab. Beide Lokomotiven absolvierten dann ein ausgedehntes Versuchsprogramm auf der Strecke Magdeburg–Dessau–Halle. Später war die E 16 101 im Reisezugdienst der Rbd Halle eingesetzt. Der Lauf der Maschine mit den beiden Bissel-Laufachsen wurde besonders in Gleisbögen bemängelt, trotzdem hatte man 1934 die Höchstgeschwindigkeit auf 120 km/h heraufgesetzt. Im Jahre 1946 zog die Deutsche Reichsbahn die Lokomotive aus dem Verkehr. Von 1957 bis 1958 erfolgte die Aufarbeitung im RAW Dessau, danach kam die Lok an die Hochschule für Verkehrswesen in Dresden.

Baureihe E 17 (Deutsche Reichsbahn)

Achsanordnung	1'Do 1'	Länge über Puffer	15 950 mm
Treibrad-ϕ	1600 mm	Dienstlast	111,7 Mp
Laufrad-ϕ	1000 mm	Reibungslast	80,8 Mp
Höchstgeschwindigkeit	120 km/h	Achslast max.	20,2 Mp
Stundenleistung	2800 kW	Leistungskennziffer	25,1 kW/t
bei Geschwindigkeit	89 km/h	Stromsystem	$16^{2}/_{3}$ Hz, 15 kV
Dauerleistung	2300 kW	Anzahl der Motoren	4 x 2
bei Geschwindigkeit	97 km/h	Antrieb	Federtopf
Anfahrzugkraft	24 000 kp	Steuerung	Schü
Stundenzugkraft	11 520 kp	Anzahl der Dauerfahrstufen	21
Dauerzugkraft	8700 kp	Transformator	1950 kVA, TF

Indienststellung 1928

Betriebsnummern: E 17 01–14, E 17 101–124

In den Jahren 1927 und 1928 entstand die Schnellzuglokomotive der Baureihe E 17, von der bis 1930 insgesamt 38 Stück in Dienst gestellt wurden. Der mechanische Teil entstand bei der AEG, die elektrische Ausrüstung lieferte die WASSEG, eine dafür gegründete Arbeitsgemeinschaft von AEG und SSW. Über die verschiedenen Versuchslokomotiven aus dem Jahre 1925 war man wieder zur symmetrischen Achsfolge gekommen. Als Antrieb wurde der bewährte Federtopfantrieb der Bauart AEG-Kleinow verwendet. Jedes Treibrad hat sechs Speichen, zwischen welche die Federtöpfe des Antriebes hineinragen. Die Laufachsen und die jeweils nächsten Treibachsen wurden zu einem AEG-Lenkgestell zusammengefaßt, welches aus dem normalen Krauss-Helmholtz-Gestell abgeleitet worden war. Ein besonderes Konstruktionsmerkmal ist der Gitterrahmen der Lokomotiven. Jede der vier Treibachsen wird von zwei in Reihe geschalteten sechspoligen Reihenschlußmotoren angetrieben. Die unterschiedliche Einreihung der Maschinen erfolgte nicht nach Bauartunterschieden, sondern nach den früher sehr verschiedenen Einsatzorten. Nach 1945 verblieben zwei Exemplare, die E 17 123 und 124, bei der DR. Insgesamt 26 Stück kamen in den Bestand der DB, die E 17 110 erhielt bereits 1961 größere Stirn- und neue Seitenfenster und mehr Lüfteröffnungen.

Baureihe E 18 (Deutsche Reichsbahn)

Achsanordnung	1'Do 1'	Länge über Puffer	16 920 mm
Treibrad-∅	1600 mm	Dienstlast	108,5 Mp
Laufrad-∅	1000 mm	Reibungslast	78,1 Mp
Höchstgeschwindigkeit	150 km/h	Achslast max.	19,6 Mp
Stundenleistung	3040 kW	Leistungskennziffer	28,0 kW/t
bei Geschwindigkeit	117 km/h	Stromsystem	$16^2/_3$ Hz, 15 kV
Dauerleistung	2840 kW	Anzahl der Motoren	4
bei Geschwindigkeit	122 km/h	Antrieb	Federtopf
Anfahrzugkraft	21 000 kp	Steuerung	NFein
Stundenzugkraft	9550 kp	Anzahl der Dauerfahrstufen	29
Dauerzugkraft	8540 kp	Transformator	2920 kVA, OFA

Indienststellung 1935

Betriebsnummern: E 18 01–055

Aufgrund der guten Erfahrungen mit den Baureihen E 04 und E 17 hatte die AEG im Jahre 1933 den Auftrag zur Entwicklung einer Lokomotive für den schweren Schnellzugdienst erhalten. Bei der verstärkten elektrischen Ausrüstung lehnte man sich weitgehend an die der E 04 an. Die Feinreglersteuerung wurde mit einem elektrischen Antrieb versehen, um den Lokführer zu entlasten und den Schaltvorgang zu beschleunigen. Zur Kraftübertragung auf die Treibräder bevorzugte die AEG wiederum den seit Jahren erfolgreichen Kleinow-Federtopfantrieb. Lauf- und benachbarte Treibachsen wurden in AEG-Krauss-Helmholtz-Gestellen gelagert. Durch eine besondere Einrichtung konnte die in Fahrtrichtung zuletzt angeordnete Achse festgelegt werden. Dadurch wurde die hintere Laufachse zu einer Bissel-Achse. Die Lokomotiven der Reihe E 18 erwiesen sich als überaus leistungsfähig. Als stärkste Einrahmenlokomotive erhielt die E 18 auf der Pariser Weltausstellung den Grand Prix. Vor 1945 wurden insgesamt 53 Maschinen in Dienst gestellt und ab der 45. Lok mit einer 0 vor der Ordnungsnummer geführt. Nach dem Krieg lieferten Krupp und die AEG noch die E 18 054 und 055. Zu den Kriegsverlusten zählen 6 Maschinen, 2 Stück verblieben bei der ÖBB, 6 Stück bei der DR und 41 Stück bei der DB.

Baureihe E 19 (Deutsche Reichsbahn)

Achsanordnung	1'Do 1'	Länge über Puffer	16 920 mm
Treibrad-ϕ	1600 mm	Dienstlast	113,0 Mp
Laufrad-ϕ	1000 mm	Reibungslast	80,8 Mp
Höchstgeschwindigkeit	180 km/h	Achslast max.	20,2 Mp
Stundenleistung	4000 kW	Leistungskennziffer	35,4 kW/t
bei Geschwindigkeit	180 km/h	Stromsystem	$16^2/_3$ Hz, 15 kV
Dauerleistung	3720 kW	Anzahl der Motoren	4
bei Geschwindigkeit	180 km/h	Antrieb	Federtopf
Anfahrzugkraft	22 400 kp	Steuerung	N
Stundenzugkraft	8150 kp	Anzahl der Dauerfahrstufen	20
Dauerzugkraft	7850 kp	Transformator	3420 kVA, OFU

Indienststellung 1939/1940

Betriebsnummern: E 19 01 und 02

Die außergewöhnlich günstigen Erfahrungen mit der Baureihe E 18 und die Elektrifizierung der Strecke Nürnberg–Leipzig mit ihren Steilrampen waren der Anlaß, im Jahre 1937 eine noch stärkere Lokomotive der ähnlichen Bauart in Auftrag zu geben. Bis auf einige Änderungen bei der Einteilung von Fenstern und Lüftungsöffnungen entsprachen die beiden ersten Maschinen der Reihe E 19 genau der Baureihe E 18, soweit dies den mechanischen Teil in Abmessungen und technischem Aufbau betraf. Der Federtopfantrieb war verstärkt und die Höchstgeschwindigkeit auf 180 km/h gesteigert worden. Rechnerisch waren die beiden von der AEG gelieferten Maschinen sogar für eine Geschwindigkeit von 225 km/h ausgelegt. Solch hohe Geschwindigkeiten verlangten besonders kräftig und sicher wirkende Bremsen, so daß zu der Druckluftbremse auch noch eine elektrische Bremse eingebaut wurde. Die vier vierzehnpoligen Fahrmotoren waren eine Neuentwicklung. Ursprünglich hatten die Maschinen nur eine einfache wegabhängige Sicherheitsfahrschaltung, die später durch eine verbesserte Ausführung ersetzt wurde. Eine induktive Zugsicherung ist ebenfalls eingebaut. Der Ausbruch des Zweiten Weltkrieges unterband weitere Versuchsfahrten. Anfang 1970 waren beide Maschinen im Bw Hagen-Eckesey, danach aber wieder in Nürnberg.

Baureihe E 19¹ (Deutsche Reichsbahn)

Achsanordnung	1'Do 1'	Länge über Puffer	16 920 mm
Treibrad-⌀	1600 mm	Dienstlast	110,7 Mp
Laufrad-⌀	1000 mm	Reibungslast	81,1 Mp
Höchstgeschwindigkeit	180 km/h	Achslast max.	20,4 Mp
Stundenleistung	4080 kW	Leistungskennziffer	36,8 kW/t
bei Geschwindigkeit	180 km/h	Stromsystem	16²/₃ Hz, 15 kV
Dauerleistung	3460 kW	Anzahl der Motoren	4
bei Geschwindigkeit	180 km/h	Antrieb	Federtopf
Anfahrzugkraft	21 200 kp	Steuerung	N
Stundenzugkraft	8160 kp	Anzahl der Dauerfahrstufen	15
Dauerzugkraft	6710 kp	Transformator	3500 kVA, OFU

Indienststellung 1940

Betriebsnummern: E 19 11 und 12

Parallel zu den beiden Lokomotiven der Baureihe E 19, die von der AEG gebaut wurden, entstanden in Gemeinschaftsarbeit von Henschel und SSW zwei weitere Maschinen dieser Bauart, die zur Unterscheidung die Bezeichnung E 19^1 erhalten haben. Bezüglich des Laufwerkes und der Hauptabmessungen ergaben sich keine Unterschiede. Die Dachaufbauten und die Lüftungsöffnungen waren gegenüber den AEG-Lokomotiven aber geändert worden. Auch der elektrische Teil der Reihe E 19^1 unterschied sich von dem der anderen Fahrzeuge. Ursprünglich trieben je zwei achtpolige Motoren eine Achse über einen verstärkten Federtopfantrieb an. Später wurden bei der Deutschen Bundesbahn die Doppelmotoren durch Einzelmotoren ersetzt, wie sie in den Lokomotiven der Baureihe E 18 eingebaut sind. Bei diesem Umbau hatte man auch die Höchstgeschwindigkeit auf 140 km/h reduziert. Bei ihrer Indienststellung waren die Maschinen E 19 11 und 12 für Schnellfahrversuche mit Geschwindigkeiten bis 225 km/h vorbereitet. Dementsprechend wurden auch die Brems- und Sicherheitseinrichtungen ausgelegt. Bis zur Beschaffung der E 03 waren die E 19 11 und 12 die leistungsfähigsten Lokomotiven der Deutschen Bundesbahn. Zusammen mit den Maschinen E 19 01 und 02 sind sie seit Mai 1970 wieder beim Bw Nürnberg Hbf.

Baureihe E 21 (Deutsche Reichsbahn)

Achsanordnung	2'Do 1'	Länge über Puffer	16 500 mm
Treibrad-⌀	1750 mm	Dienstlast	121,8 Mp
Laufrad-⌀	1000 mm	Reibungslast	75,3 Mp
Höchstgeschwindigkeit	110 km/h	Achslast max.	19,6 Mp
Stundenleistung	2840 kW	Leistungskennziffer	23,35 kW/t
bei Geschwindigkeit	88 km/h	Stromsystem	16²/₃ Hz, 15 kV
Dauerleistung	2040 kW	Anzahl der Motoren	4 Doppelm.
bei Geschwindigkeit	107 km/h	Antrieb	Federtopf
Anfahrzugkraft	24 000 kp	Steuerung	Schü
Stundenzugkraft	10 185 kp	Anzahl der Dauerfahrstufen	24
Dauerzugkraft	7000 kp	Transformator	2000 kVA, TF

Indienststellung 1927

Betriebsnummern: E 21 01 und 02

Zu den Versuchslokomotiven, welche die Reichsbahn im Jahre 1925 in Auftrag gegeben hatte, zählte auch die von der AEG gebaute E 21 01. Diese Maschine war ab Herbst 1926 im Probebetrieb vor Schnellzügen eingesetzt. Das Fahrzeug wurde mit einem ungeteilten Hauptrahmen in Gitterkonstruktion geliefert. Ein zweiachsiges Drehgestell übernahm vorne die Last des darüber angeordneten Haupttransformators. Die hintere Laufachse war als Bissel-Achse ausgeführt. Der bekannte und in der Schweiz bereits mehrfach angewandte Westinghouse-Antrieb war von Baurat Kleinow wesentlich verbessert und bei der E 21 eingesetzt worden und ist seither als Kleinow-Federtopfantrieb bekannt. Jede Treibachse wurde durch einen Doppelmotor angetrieben, der aus zwei achtpoligen in Reihe geschalteten Motoren bestand. Im Jahre 1928 erfolgte die Lieferung der E 21 02, bei der an die Stelle der Bissel-Achse ein Krauss-Helmholtz-Gestell trat. Nach den Versuchen, die den Beweis der Betriebstüchtigkeit des Kleinow-Antriebes offenbarten, waren beide Maschinen der Reihe E 21 im Reisezugdienst in Schlesien eingesetzt. Später kamen die Lokomotiven nach Leipzig, sie waren dort auch noch Mitte der sechziger Jahre vorhanden, aber nicht mehr im Einsatz.

Baureihe E 21⁵ (Deutsche Reichsbahn)

Achsanordnung	2'Do 1'	Länge über Puffer	14 940 mm
Treibrad-Ø	1400 mm	Dienstlast	121,9 Mp
Laufrad-Ø	1000 mm	Reibungslast	78,2 Mp
Höchstgeschwindigkeit	110 km/h	Achslast max.	19,8 Mp
Stundenleistung	4664 kW	Leistungskennziffer	38,2 kW/t
bei Geschwindigkeit	82 km/h	Stromsystem	$16^2/_3$ Hz, 15 kV
Dauerleistung	3960 kW	Anzahl der Motoren	8
bei Geschwindigkeit	87 km/h	Antrieb	LHW-Zwischenrad-Antr.
Anfahrzugkraft	34 000 kp	Steuerung	Schü
Stundenzugkraft	20 750 kp	Anzahl der Dauerfahrstufen	16
Dauerzugkraft	16 720 kp	Transformator	2400 kVA, TF

Indienststellung 1927

Betriebsnummer: E 21 51

Als weitere der 1925 bestellten Versuchslokomotiven mit Einzelantrieb entstand bei den LHW und den BEW die E 21 51, die sich, abgesehen von der Achsanordnung, doch sehr von der Baureihe E 21 unterschied. Der Lokomotivkasten wurde symmetrisch und ohne Vorbauten ausgeführt. Schwierigkeiten ergaben sich zunächst mit dem von beiden Herstellern gemeinsam entwickelten Vorgelegeantrieb, über den je zwei Motoren auf eine Achse arbeiteten. Erst nachdem das Vorgelege auf Veranlassung von LHW geändert worden war, konnte die Lokomotive bei Versuchsfahrten und im Betriebsdienst befriedigen. Das Laufwerk hatte wie die E 21 01 eine Bissel-Achse. Der Lokomotivrahmen wurde in Blechbauweise erstellt und war mit starken Längs- und Querstreben versehen. Obwohl die E 21 51 zu den stärksten deutschen Einrahmenlokomotiven zählte, unterblieb ein Nachbau. Der in den beiden Maschinen E 21 01 und 02 erprobte Federtopf-Antrieb hatte sich so gut bewährt, daß er für die geplanten Neubauten den Vorzug erhielt, so z. B. zuerst für die E 17. Bis zum Ende des Zweiten Weltkrieges war die E 21 51 im schlesischen Raum vor Reisezügen im Einsatz. Nach 1945 wurde die während des Krieges zu Schaden gekommene Lokomotive nicht wieder instand gesetzt.

Baureihe E 30 (preuß. EP 202–208)

Achsanordnung	1'C 1'	Länge über Puffer	12 950 mm
Treibrad-∅	1250 mm	Dienstlast	82,5 Mp
Laufrad-∅	1000 mm	Reibungslast	51,5 Mp
Höchstgeschwindigkeit	90 km/h	Achslast max.	17,5 Mp
Stundenleistung	598 kW	Leistungskennziffer	7,25 kW/t
bei Geschwindigkeit	km/h	Stromsystem	$16^2/_3$ Hz, 15 kV
Dauerleistung	538 kW	Anzahl der Motoren	1
bei Geschwindigkeit	80 km/h	Antrieb	Stangen
Anfahrzugkraft	11 000 kp	Steuerung	LNZu
Stundenzugkraft	kp	Anzahl der Dauerfahrstufen	16
Dauerzugkraft	2740 kp	Transformator	1100 kVA, OSA

Indienststellung 1914

Betriebsnummern: E 30 02–08

Nachdem die Elektrifizierung mehrerer Strecken in Schlesien beschlossen war, erteilte die KPEV im Jahre 1913 den Firmen MSW und Schwartzkopff den Auftrag zum Bau von sieben Lokomotiven für den leichteren Personenzugdienst. Zunächst sollten die Maschinen die Achsfolge 1'C erhalten, die dann aber in die Anordnung 1'C 1' geändert wurde. Diese Maßnahme war nicht zuletzt durch den Einbau eines Heizkessels für die Zugheizung bedingt, der seinen Platz in einem Anbau hinter dem rückwärtigen Führerstand erhielt. Die vordere Laufachse war als Bissel-Achse ausgeführt, die hintere als Adams-Achse. Der Antrieb erfolgte von einem großen Motor, der über der zweiten Treibachse installiert war, über schräge Treibstangen auf eine Blindwelle und von dort mit Kuppelstangen auf die drei Achsen. Der Erste Weltkrieg verzögerte die Fertigstellung der letzten Maschinen bis zum Jahr 1921. Nach 1924 gelangten die Lokomotiven EP 202–208 zu der Rbd Halle und zum Einsatz vor Personenzügen im Flachland. Die Deutsche Reichsbahn übernahm die Maschinen als E 30 01–08, musterte sie dann aber bereits bis zum Jahre 1930 aus, da sie auch den Anforderungen im leichten Flachlanddienst bald nicht mehr gewachsen waren und mit Triebwerkschäden ausfielen.

Baureihe E 32 (bayer. EP 2, Deutsche Reichsbahn)

Achsanordnung	1'C 1'	Länge über Puffer	13 010 mm
Treibrad-Ø	1400 mm	Dienstlast	84,8 Mp
Laufrad-Ø	850 mm	Reibungslast	55,8 Mp
Höchstgeschwindigk.	75, 90* km/h	Achslast max.	18,8 Mp
Stundenleistung	1170 kW	Leistungskennziffer	13,8 kW/t
bei Geschwindigkeit	60/73* km/h	Stromsystem	$16^2/_3$ Hz, 15 kV
Dauerleistung	1010 kW	Anzahl der Motoren	2
bei Geschwindigkeit	64/78* km/h	Antrieb	Stangen
Anfahrzugkraft	10 700/8850* kp	Steuerung	Schl
Stundenzugkraft	7180/5890* kp	Anzahl der Dauerfahrstufen	13
Dauerzugkraft	5800/4750* kp	Transformator	875 kVA, OFA

Indienststellung 1925 und 1932

Betriebsnummern: E 32 06–34, E 32 101–108

* E 32 101–108

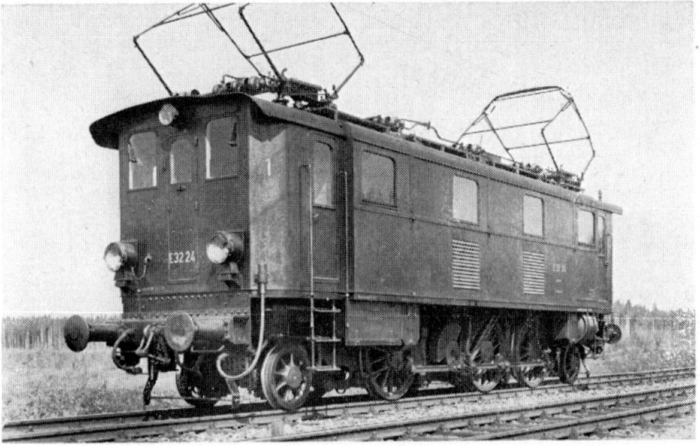

In dem von der Deutschen Reichsbahn erarbeiteten Beschaffungsprogramm war für den Personenzugdienst auf den bayerischen Strekken eine 1'C 1'-Lokomotive enthalten. Im Jahre 1922 wurden BBC und Maffei beauftragt, 29 Maschinen zu liefern, die von 1924 bis 1926 als EP 2 20 006–034 in Dienst gestellt wurden. Auf einem Blechrahmen mit kräftigen Querverbindungen und Pufferträgern aus Stahlguß waren zwei zwölfpolige Motoren angeordnet worden, verbunden durch ein Vorgelege. Die Kraftübertragung erfolgt über schräge Treibstangen auf eine Blindwelle und über Kuppelstangen auf die Treibachsen. Der Kastenaufbau in symmetrischer Gestaltung mit abgeschrägten Ecken hatte die für bayerische Maschinen charakteristischen Stirnwandtüren und Übergangsbrücken erhalten, die später aber entfernt wurden. Aufgrund der guten Laufeigenschaften wurden 1932 insgesamt 8 Lokomotiven mit einer anderen Getriebeübersetzung versehen, die eine Höchstgeschwindigkeit von 90 km/h zuließ. Diese Maschinen werden seither als E 32 101–108 geführt. Bis 1945 mußten 4 Fahrzeuge ausgemustert werden. Alle anderen Lokomotiven waren bis zur Mitte der sechziger Jahre in Bayern und Südbaden im Einsatz, sie werden allmählich von der Neubaureihe E 41 abgelöst.

Baureihe E 36 (bayer. EP 3)

Achsanordnung	1'C 2'	Länge über Puffer	12 300 mm
Treibrad-⌀	1100 mm	Dienstlast	78,8 Mp
Laufrad-⌀	850 mm	Reibungslast	43,4 Mp
Höchstgeschwindigkeit	80 km/h	Achslast max.	14,6 Mp
Stundenleistung	690 kW	Leistungskennziffer	7,0 kW/t
bei Geschwindigkeit	42 km/h	Stromsystem	$16^2/_3$ Hz, 15 kV
Dauerleistung	480 kW	Anzahl der Motoren	1
bei Geschwindigkeit	56 km/h	Antrieb	Stangen
Anfahrzugkraft	10 200 kp	Steuerung	Schü
Stundenzugkraft	6030 kp	Anzahl der Dauerfahrstufen	10
Dauerzugkraft	3140 kp	Transformator	800 kVA, OF

Indienststellung 1914

Betriebsnummern: E 36 01–04

Für die Beförderung von Personenzügen auf der Strecke von Freilassing nach Berchtesgaden gab die Bayerische Staatsbahn insgesamt 8 Lokomotiven in Auftrag. Vier Stück lieferten Krauss und SSW im Jahre 1914 als EP 3/6 20 101–104. Besonderes äußeres Merkmal dieser Fahrzeuge war der hinter dem vorderen Führerstand stehende Dampfkessel mit dem aus dem Dach ragenden Schornstein. Dadurch mußte der vordere Stromabnehmer weit zur Fahrzeugmitte versetzt montiert werden, wo er auch nach dem Ausbau des Heizkessels verblieb. Der große zwanzigpolige Motor lag ebenfalls in der Mitte der Maschine und war über schräge Treibstangen mit der Blindwelle gekuppelt. Das Drehgestell war mit der letzten Treibachse zu einem Krauss-Lotter-Gestell verbunden, die Laufachse mit der ersten Treibachse als Krauss-Helmholtz-Gestell ausgeführt. Ein fester Achsstand war also nicht vorhanden. Die Laufeigenschaften der Maschinen, die immer auf ihrer Hausstrecke eingesetzt waren, wurden als recht gut bezeichnet. Dies war auch der Grund dafür, daß man die Lokomotiven erst in den Jahren 1941–1943 ausmusterte. Eine von ihnen war auch noch im Winter 1969/70 vorhanden, sie wurde vor einigen Jahren von der Bundesbahn zu einem Klima-Schneepflug umgebaut.

Baureihe E 36^2 (bayer. EP 4)

Achsanordnung	1'C 2'	Länge über Puffer	13 550 mm
Treibrad-Ø	1100 mm	Dienstlast	93,7 Mp
Laufrad-Ø	850 mm	Reibungslast	50,1 Mp
Höchstgeschwindigkeit	80 km/h	Achslast max.	16,8 Mp
Stundenleistung	960 kW	Leistungskennziffer	10,25 kW/t
bei Geschwindigkeit	45 km/h	Stromsystem	$16^2/_3$ Hz, 15 kV
Dauerleistung	740 kW	Anzahl der Motoren	1
bei Geschwindigkeit	80 km/h	Antrieb	Stangen
Anfahrzugkraft	16 500 kp	Steuerung	LNZu
Stundenzugkraft	7840 kp	Anzahl der Dauerfahrstufen	19
Dauerzugkraft	3400 kp	Transformator	500 kVA, OF

Indienststellung 1913

Betriebsnummern: E 36 21–24

Die erste Lieferung aus der Bestellung von 8 Personenzuglokomotiven für die Gebirgsstrecke Berchtesgaden–Freilassing umfaßte vier Maschinen, die von Krauss und den MSW gefertigt worden waren. Ihre Lieferung mit den Betriebsnummern EP 3/6 20 121–124 erfolgte bereits im Jahre 1913. Auch diese Fahrzeuge wurden mit einem Heizkessel ausgerüstet, der etwa über der ersten Treibachse angeordnet war. Dadurch konnten die Stromabnehmer ihre normale Position erhalten. Der riesige vierzigpolige Motor hatte seinen Platz zwischen der zweiten und dritten Treibachse und ragte noch in den Dachaufbau hinein. Die Blindwelle wurde über schräge Treibstangen angetrieben und war über Kuppelstangen mit den drei Treibachsen verbunden. Im mechanischen Teil der Lokomotiven ergaben sich nur geringe Unterschiede zur Baureihe 36. Das Drehgestell war ebenfalls mit der letzten Treibachse als Krauss-Lotter-Gestell ausgeführt, die Laufachse war aber eine Bissel-Achse. Alle vier Maschinen wurden von der Deutschen Reichsbahn als E 36 21–24 übernommen. Bis zu ihrer Ausmusterung in der Zeit von 1935–1938 waren die Lokomotiven in Freilassing stationiert und ausschließlich auf der Strecke nach Berchtesgaden im Einsatz, zusammen mit der Reihe E 36.

Baureihe E 40 (Neubau DB)

Achsanordnung	Bo'Bo'	Länge über Puffer	16 490 mm
Treibrad-⌀	1250 mm	Dienstlast	83,0/86,0* Mp
Laufrad-⌀	– mm	Reibungslast	83,0/86,0* Mp
Höchstgeschwindigkeit	100 km/h	Achslast max.	20,9/21,5* Mp
Stundenleistung	3700 kW	Leistungskennziff.	44,3/43,0* kW/t
bei Geschwindigkeit	87,6 km/h	Stromsystem	$16^2/_3$ Hz, 15 kV
Dauerleistung	3620 kW	Anzahl der Motoren	4
bei Geschwindigkeit	90 km/h	Antrieb	Gummiringfeder
Anfahrzugkraft	32 000/33 000* kp	Steuerung	StL
Stundenzugkraft	16 700 kp	Anzahl der Dauerfahrstufen	28
Dauerzugkraft	14 140 kp	Transformator	4040 kVA, OFU

Indienststellung 1957

Betriebsnummern: E 40 001–786, bestellt bis 819 * E 40[11]

Die elektrischen Lokomotiven der Baureihe E 40 sind eine Gemeinschaftsentwicklung des BZA München und der Firmen Krauss-Maffei und SSW unter Beteiligung von Krupp, Henschel, AEG und BBC. Sie sind vorwiegend für die Beförderung schwerer Güterzüge auf Hauptbahnen im Flachland bestimmt, können aber auch im Reisezugdienst eingesetzt werden. In ihrem technischen Aufbau entsprach die Baureihe E 40 fast genau der E 10^1. Entsprechend ihrem Verwendungszweck wurde bei der E 40 die Getriebeübersetzung geändert und auf den serienmäßigen Einbau einer elektrischen Bremse verzichtet. Statt dieser erhielten die Maschinen der ersten Lieferung eine einfach wirkende Knorrbremse und einen elektrischen Zugkraftangleich, der bei neueren Lokomotiven nicht mehr verwendet und bei den früher gelieferten Fahrzeugen wieder ausgebaut wird. Als Antrieb dient wie bei der E 10^1 der von den SSW entwickelte Gummiringfederantrieb mit zweiseitigem Zahnradvorgelege. Jene Maschinen, die auf den Steilrampen der DB eingesetzt werden, haben eine fahrdrahtunabhängige Widerstandsbremse und als Reihe E 40^{11} die Nummern E 40 1131–1137 und E 40 1163–1166 erhalten. Eine neue elektrische Bremse erhielten die E 40 1309–1316 und E 40 1552–1563.

Baureihe E 41 (Neubau DB)

Achsanordnung	Bo'Bo'	Länge über Puffer	15 660 mm
Treibrad-Ø	1250 mm	Dienstlast	67,0 Mp
Laufrad-Ø	– mm	Reibungslast	67,0 Mp
Höchstgeschwindigkeit	120 km/h	Achslast max.	16,8 Mp
Stundenleistung	2400 kW	Leistungskennziffer	35,9 kW/t
bei Geschwindigkeit	97,8 km/h	Stromsystem	$16^{2}/_{3}$ Hz, 15 kV
Dauerleistung	2310 kW	Anzahl der Motoren	4
bei Geschwindigkeit	101,8 km/h	Antrieb	Gummiringfeder
Anfahrzugkraft	22 000 kp	Steuerung	StL
Stundenzugkraft	11 700 kp	Anzahl der Dauerfahrstufen	28
Dauerzugkraft	11 000 kp	Transformator	2130 kVA, OFU

Indienststellung 1956

Betriebsnummern: E 41 001–450, 141 451 im Februar 1971 in Dienst gestellt

Die Maschinen der Baureihe E 41 wurden als Mehrzwecklokomotiven für die Beförderung von leichten Schnell-, Eil-, Personen- und Güterzügen auf Haupt- und Nebenbahnen von Henschel und BBC entwickelt. An der Serienlieferung beteiligten sich aber auch Krupp, Krauss-Maffei, AEG und SSW. Im Wendezugbetrieb, für den alle Fahrzeuge der Reihe E 41 ausgerüstet sind, wird die unbesetzte Lokomotive von einem Steuerwagen über eine Steuerleitung ferngesteuert. Über andere Leitungen werden Meßwerte von der Lokomotive zu den Meßinstrumenten des Steuerwagens übertragen. Die durchgehende Druckluftbremse und die Signaleinrichtungen werden beim Wendezugeinsatz ebenfalls vom Steuerwagen aus bedient. Die vier Achsen werden von vier zehnpoligen Reihenschlußmotoren über den SSW-Gummiringfederantrieb mit einseitigem Vorgelege angetrieben. Der mechanische Teil wurde unter Berücksichtigung der von der DB festgelegten neuen Bauprinzipien in Leichtbauweise erstellt. Die selbsttragende geschweißte Konstruktion von Brückenrahmen und Fahrzeugkasten war von der Versuchslokomotive E 10 002 abgeleitet worden. Als Bremse dient eine einlösige Knorr-Einkammer-Druckluftbremse. Die in großer Zahl eingesetzten Lokomotiven der Baureihe E 41 besitzen Sifa und Indusi, die 141 451 eine neue Nutzbremse.

Baureihe E 42 (Neubau DR)

Achsanordnung	Bo'Bo'	Länge über Puffer	16 260 mm
Treibrad-∅	1350 mm	Dienstlast	82,5 Mp
Laufrad-∅	– mm	Reibungslast	82,5 Mp
Höchstgeschwindigkeit	100 km/h	Achslast max.	20,6 Mp
Stundenleistung	2760/2920* kW	Leistungskennziff.	33,5/37,3* kW/t
bei Geschwindigkeit	76/72* km/h	Stromsystem	$16\frac{2}{3}$ Hz, 15 kV
Dauerleistung	2600/2740* kW	Anzahl der Motoren	4
bei Geschwindigkeit	79/76* km/h	Antrieb	Tatzantrieb
Anfahrzugkraft	25 000 kp	Steuerung	NFein
Stundenzugkraft	12 800/14 400* kp	Anzahl der Dauerfahrstufen	14
Dauerzugkraft	11 600/12 700* kp	Transformator	3100 kVA, OFU

Indienststellung 1962/1963 *

Betriebsnummern: E 42 001 und 002, E 42 003–186 * ab E 42 003

In der Konstruktion und in ihrer Ausführung entsprachen die Lokomotiven der Baureihe E 42 der Deutschen Reichsbahn weitgehend der ein Jahr zuvor entwickelten Baureihe E 11. Einige Änderungen, bedingt durch den anderen Verwendungszweck, betrafen die Getriebeübersetzung und die Ausführung der Bremseinrichtung. Alle Maschinen haben einen Tatzlagerantrieb erhalten. Ein späterer Umbau auf einen elastischen Antrieb, wie in der E 11 002 erprobt, ist jederzeit möglich. Bis zu der Betriebsnummer E 42 022 wurden die Maschinen mit einer Schürze unter dem Pufferträger und mit langgestreckten seitlichen Lüftungsjalousien ausgeführt. Ab der E 42 023 entfiel die Schürze, zugleich erhielten die Lüftungsöffnungen eine andere Form. Auch bei der elektrischen Ausrüstung ergaben sich ab dieser Betriebsnummer einige Änderungen und Verbesserungen, so wurde z. B. darauf verzichtet, weitere Maschinen für Wendezugbetrieb auszurüsten. Nach verschiedenen Anfangsschwierigkeiten, vor allem im Rangierbetrieb, befriedigten die Lokomotiven später und werden jetzt in größerer Anzahl in Dienst gestellt. Die Baureihe E 42 wurde vom VEB LEW „Hans Beimler“ entwickelt und ist für den Einsatz im mittelschweren Personen- und Güterzugdienst vorgesehen.

Baureihe E 42[1] (preuß. EP 213 und 214)

Achsanordnung	B'B'	Länge über Puffer	12 900 mm
Treibrad-⌀	1500 mm	Dienstlast	76,0 Mp
Laufrad-⌀	– mm	Reibungslast	76,0 Mp
Höchstgeschwindigkeit	70 km/h	Achslast max.	19,5 Mp
Stundenleistung	840 kW	Leistungskennziffer	11,05 kW/t
bei Geschwindigkeit	45 km/h	Stromsystem	$16^2/_3$ Hz, 15 kV
Dauerleistung	740 kW	Anzahl der Motoren	2
bei Geschwindigkeit	65 km/h	Antrieb	Vorgelege + Stangen
Anfahrzugkraft	15 300 kp	Steuerung	NFein
Stundenzugkraft	6850 kp	Anzahl der Dauerfahrstufen	15
Dauerzugkraft	4180 kp	Transformator	800 kVA, OF

Indienststellung 1924

Betriebsnummern: E 42 13 und 14

Für die Beförderung von Personenzügen auf den Strecken der Berliner Stadt- und Vorortbahnen beschaffte die KPEV im Jahre 1914 die ersten Triebgestelle bei der AEG. Diese führerstandlosen Fahrzeuge waren mit den aus Abteilwagen gebildeten Zügen gekuppelt. Von 1919 bis 1920 erging eine Nachbestellung an die Firmen AEG und MSW. Zum Einsatz gelangten diese Triebgestelle in ihrer ursprünglichen Form aber nicht mehr, da die Strecken auf Gleichstrombetrieb umgestellt worden waren. Aus ihren vier vorhandenen Triebgestellen bauten die MSW schließlich die beiden Personenzuglokomotiven EP 213 und 214, welche ab 1927 die Nummern E 42 13 und 14 trugen. Ein Brückenrahmen nahm den Lokomotivkasten auf und stützte sich auf die beiden als Drehgestelle angeordneten Triebwerke ab. In den beiden Vorbauten über den Drehgestellen war je ein zwanzigpoliger Motor untergebracht. Jeder dieser Motoren trieb über ein Vorgelege eine Blindwelle an, die über Stangen mit den beiden Achsen eines Drehgestells gekuppelt war. Die beiden Lokomotiven mit ihrer einfachen und robusten elektrischen Ausrüstung bewährten sich recht gut und waren hauptsächlich in Schlesien eingesetzt. Zu den Kriegsverlusten zählt die E 42 13, die E 42 14 wurde 1960 verschrottet.

Baureihe 42^2 (preuß. EP 215–219)

Achsanordnung	B'B'	Länge über Puffer	13 380 mm
Treibrad-∅	1500 mm	Dienstlast	77,2 Mp
Laufrad-∅	– mm	Reibungslast	77,2 Mp
Höchstgeschwindigkeit	70 km/h	Achslast max.	19,6 Mp
Stundenleistung	780 kW	Leistungskennziffer	10,1 kW/t
bei Geschwindigkeit	54 km/h	Stromsystem	$16^2/_3$ Hz, 15 kV
Dauerleistung	595 kW	Anzahl der Motoren	2
bei Geschwindigkeit	65 km/h	Antrieb	Vorgelege + Stangen
Anfahrzugkraft	13 500 kp	Steuerung	Schü
Stundenzugkraft	5300 kp	Anzahl der Dauerfahrstufen	15
Dauerzugkraft	3360 kp	Transformator	770 kVA, OFA

Indienststellung 1924

Betriebsnummern: E 42 15–19

Aus zehn der elf vorhandenen Triebgestelle, welche die AEG für die KPEV ab 1920 gebaut hatte, entstanden 1924 fünf Drehgestell-Lokomotiven für den Personenzugdienst in Schlesien. Ein Brückenträger nahm den Lokomotivkasten mit dem Haupttransformator und der Steuerung auf und stützte sich auf die beiden Drehgestelle über Kugelzapfen und je zwei vertikal wirkende Federpuffer ab. Die Vorbauten waren auf den Drehgestellen angebracht und durch Faltenbälge mit dem Lokomotivkasten verbunden. Jede der beiden Blindwellen wurde von einem unter dem Vorbau angeordneten sechzehnpoligen Motor angetrieben. Die Kraftübertragung von den Blindwellen auf die Treibachsen erfolgte über normale Kuppelstangen. Über eine Tenderkupplung waren die Drehgestelle miteinander verbunden. Obwohl die Konzeption der Maschinen nicht dem neuesten Stand der Technik folgte, war man mit den Betriebsergebnissen der EP 215 bis 219 stets recht zufrieden. Deshalb waren die Lokomotiven als E 42 15 bis 19 auch bei der Reichsbahn noch sehr lange im Einsatz. Im Zweiten Weltkrieg gingen die Maschinen E 42 16 und 19 verloren, alle anderen Fahrzeuge verblieben bis zu ihrer Verschrottung im Jahre 1960 im Lokomotivpark der Deutschen Reichsbahn in der DDR.

Baureihe E 44 001 (Deutsche Reichsbahn)

Achsanordnung	Bo'Bo'	Länge über Puffer	14 530 mm
Treibrad-⌀	1250 mm	Dienstlast	79,2 Mp
Laufrad-⌀	– mm	Reibungslast	79,2 Mp
Höchstgeschwindigkeit	90 km/h	Achslast max.	19,8 Mp
Stundenleistung	2120 kW	Leistungskennziffer	26,8 kW/t
bei Geschwindigkeit	83,5 km/h	Stromsystem	$16^2/_3$ Hz, 15 kV
Dauerleistung	1830 kW	Anzahl der Motoren	4
bei Geschwindigkeit	90 km/h	Antrieb	Tatzantrieb
Anfahrzugkraft	20 000 kp	Steuerung	Schü
Stundenzugkraft	9330 kp	Anzahl der Dauerfahrstufen	19
Dauerzugkraft	7450 kp	Transformator	1450 kVA, OFA

Indienststellung 1931

Betriebsnummer: E 44 001

Gegen Ende der zwanziger Jahre wurden die Arbeiten an der Elektrifizierung weiterer Strecken der Reichsbahn vorübergehend eingestellt. Auch der Neubau von Lokomotiven unterblieb, die Weltwirtschaftskrise machte sich überall bemerkbar. In dieser Phase der Stagnation unternahm die deutsche Lokomotivindustrie auf eigenes Risiko den Versuch, eine Universallokomotive zu schaffen. Die Firmen BEW, MSW und SSW entwickelten je eine Lokomotive. Ausgehend von der Konstruktion der Maschinen E 15 01 und E 16 101, entwarfen die SSW eine laufachslose Drehgestell-Lokomotive mit vier Tatzlagermotoren, die Ende 1930 der Reichsbahn zu Testfahrten übergeben werden konnte. Alle Zug- und Stoßkräfte werden von den zweiachsigen Drehgestellen aufgenommen, die mit einer Mittelkupplung miteinander verbunden sind. Der Lokomotivkasten mit den beiden halbhohen Vorbauten war zum überwiegenden Teil geschweißt worden und auf dem vollkommen geschweißten Brückenrahmen befestigt. Nach ausgedehnten Versuchsfahrten in Bayern und Schlesien wurde die Maschine im Jahr 1933 von der Reichsbahn als E 44 001 übernommen und im Bw Garmisch-Partenkirchen stationiert. Später wurden das Äußere und die Ausrüstung den daraus entwickelten Serienlokomotiven der Reihe E 44 angepaßt.

Baureihe E 44 (Deutsche Reichsbahn)

Achsanordnung	Bo'Bo'	Länge über Puffer	15 290 mm
Treibrad-Ø	1250 mm	Dienstlast	78,0 Mp
Laufrad-Ø	– mm	Reibungslast	78,0 Mp
Höchstgeschwindigkeit	90 km/h	Achslast max.	19,5 Mp
Stundenleistung	2200 kW	Leistungskennziffer	28,2 kW/t
bei Geschwindigkeit	76 km/h	Stromsystem	$16^{2}/_{3}$ Hz, 15 kV
Dauerleistung	1860 kW	Anzahl der Motoren	4
bei Geschwindigkeit	86 km/h	Antrieb	Tatzantrieb
Anfahrzugkraft	20 000 kp	Steuerung	NFein
Stundenzugkraft	10 625 kp	Anzahl der Dauerfahrstufen	15
Dauerzugkraft	7950 kp	Transformator	1450* kVA, OFA

Indienststellung 1932

Betriebsnummern: E 44 002–189

* 1900 kVA ab E 44 152

Nachdem die ersten Ergebnisse aus den Probefahrten mit den drei Versuchsmaschinen von BEW, MSW und SSW vorlagen, bestellte die Reichsbahn eine Serie von 20 Bo'Bo'-Lokomotiven bei SSW. Als Basis diente die überarbeitete Konstruktion der E 44 001. Die neuen Fahrzeuge sind für die 1933 elektrifizierte Strecke Stuttgart–Augsburg beschafft worden. Bis 1945 wurden insgesamt 178 Maschinen in Dienst gestellt. Den mechanischen Teil lieferten Henschel, Krauss-Maffei und bei acht Maschinen die LOFAG. Neun Lokomotiven beschaffte die DB noch nach dem Krieg und übernahm die umgebauten E 244 11 und 22 als E 44 188 und 189. In der Ausführung des mechanischen und elektrischen Teils entsprechen die Maschinen weitgehend der E 44 001, die Pufferträger wurden aber angeschraubt, um ein leichteres Auswechseln nach Unfällen zu gewährleisten. Nach 1945 verblieben 45 Lokomotiven in der DDR. Die Deutsche Bundesbahn rüstete mehrere Maschinen für den Wendezugbetrieb aus. Diese Fahrzeuge erhielten den Zusatz G, z. B. E 44 090 G. Die mit einer elektrischen Bremse ausgestatteten Lokomotiven trugen bis 1962 den Zusatz W und wurden danach durch eine der Ordnungsnummer vorgesetzte 1 gekennzeichnet, z. B. E 44 1152. Die Reihe E 44 zählt zu den besten Konstruktionen.

Baureihe E 44⁵ (Deutsche Reichsbahn)

Achsanordnung	Bo'Bo'	Länge über Puffer	13 150 mm
Treibrad-⌀	1250 mm	Dienstlast	79,2 Mp
Laufrad-⌀	– mm	Reibungslast	79,2 Mp
Höchstgeschwindigkeit	80 km/h	Achslast max.	19,8 Mp
Stundenleistung	1600 kW	Leistungskennziffer	20,2 kW/t
bei Geschwindigkeit	70 km/h	Stromsystem	$16^2/_3$ Hz, 15 kV
Dauerleistung	1440 kW	Anzahl der Motoren	4
bei Geschwindigkeit	73 km/h	Antrieb	Tatzantrieb
Anfahrzugkraft	22 000 kp	Steuerung	NFein
Stundenzugkraft	8280 kp	Anzahl der Dauerfahrstufen	15
Dauerzugkraft	7050 kp	Transformator	1750 kVA, OFA

Indienststellung 1931

Betriebsnummer: E 44 501

Die zweite der um 1930 entwickelten Drehgestell-Lokomotiven entstand bei den MSW in Zusammenarbeit mit der BMAG. Sie stellte eine Weiterentwicklung der Baureihe E 75 dar, von der ein großer Teil der elektrischen Ausrüstung übernommen wurde. Die vier Tatzlagermotoren hatten dagegen eine Anordnung wie jene der E 44 001 erhalten. Eine elektrische Widerstandsbremse erwies sich bei Versuchsfahrten als nur wenig wirksam, sie wurde deshalb später wieder ausgebaut. Der eckige Lokomotivkasten ohne Vorbauten war weitgehend geschweißt, ebenso der Rahmen und die Drehgestelle. Eine Mittelkupplung verband die beiden Drehgestelle, die Einheitspufferträger und starke Mittelbrücken aus Stahlguß erhalten hatten. Die Abstützung des Aufbaus erfolgte über zwei Mittelzapfen und vier Blattfedern ab. Eingesetzt wurde die Lokomotive zuerst in Schlesien und danach auf der Strecke Freilassing–Berchtesgaden. Nach ihrer Übernahme durch die Reichsbahn erhielt die Maschine die Nummer E 44 101 und ab 1938 wurde sie in E 44 501 umgenummert, da die Baureihe E 44 bereits 100 Serienlokomotiven erreicht hatte. Die E 44 501 war bis zu ihrer Ausmusterung im Jahre 1959 im Bw Freilassing stationiert und im Reisezugdienst eingesetzt.

Baureihe E 44^5 (Deutsche Reichsbahn)

Achsanordnung	Bo'Bo'	Länge über Puffer	13 520 mm
Treibrad-Ø	1250 mm	Dienstlast	79,2 Mp
Laufrad-Ø	– mm	Reibungslast	79,2 Mp
Höchstgeschwindigkeit	80 km/h	Achslast max.	19,8 Mp
Stundenleistung	1600 kW	Leistungskennziffer	20,2 kW/t
bei Geschwindigkeit	71 km/h	Stromsystem	$16\frac{2}{3}$ Hz, 15 kV
Dauerleistung	1430 kW	Anzahl der Motoren	4
bei Geschwindigkeit	74 km/h	Antrieb	Tatzantrieb
Anfahrzugkraft	24 000 kp	Steuerung	NFein
Stundenzugkraft	8280 kp	Anzahl der Dauerfahrstufen	15
Dauerzugkraft	7050 kp	Transformator	1450 kVA, OFA

Indienststellung 1933

Betriebsnummern: E 44 502–505

Der Versuchslokomotive E 44 101, der späteren E 44 501, folgten im Jahre 1933 vier sehr ähnliche Maschinen. Die Firmen MSW und BMAG hatten nach den erfolgreich verlaufenen Probefahrten den Bauauftrag erhalten. Inzwischen waren aber die MSW in wirtschaftliche Schwierigkeiten geraten und liquidiert worden. Die AEG übernahm den Auftrag und lieferte die elektrische Ausrüstung. Im Aufbau entsprachen die E 44 102–105, welche 1938 in E 44 502–505 umgenummert wurden, dem Prototyp aus dem Jahr 1931. Einige Änderungen ergaben sich bei den Hauptmaßen, bei der Ausführung der Drehgestelle und bei der elektrischen Ausrüstung. Im Gegensatz zur ersten Maschine, die Rollenlager erhalten hatte, ging man bei den vier nachfolgenden Fahrzeugen auf Gleitlager über. Verschiedene elektrische Baugruppen übernahm man von der bereits in Serie laufenden Baureihe E 44. Zur Unterstützung der Lokomotiven der Baureihen E 36 und E 36^2 kamen die Maschinen der Reihe E 44^5 auf die Strecke Freilassing–Berchtesgaden, wo sie sich recht gut bewährten und auch Anfang 1970 noch fuhren. Bei einer Grundüberholung im AW München-Freimann wurden einige Veränderungen und Verbesserungen an den Drehgestellen und bei der Abstützung des Aufbaus vorgenommen.

Baureihe E 44⁵ (Deutsche Reichsbahn)

Achsanordnung	Bo'Bo'	Länge über Puffer	14 300 mm
Treibrad-∅	1250 mm	Dienstlast	79,6/79,1* Mp
Laufrad-∅	– mm	Reibungslast	79,1/79,1* Mp
Höchstgeschwindigk.	80/90* km/h	Achslast max.	19,9/19,8* Mp
Stundenleistung	2200 kW	Leistungskennz.	27,55/27,8* kW/t
bei Geschwindigk.	63,5/68* km/h	Stromsystem	16²/₃ Hz, 15 kV
Dauerleistung	2000 kW	Anzahl der Motoren	4
bei Geschwindigkeit	67/72* km/h	Antrieb	Tatzantrieb
Anfahrzugkraft	26 400/24 000* kp	Steuerung	NFein
Stundenzugkr.	12 300/11 880* kp	Anzahl der Dauerfahrstufen	15
Dauerzugkraft	10 960/10 400* kp	Transformator	1500 kVA, OFA

Indienststellung 1934

Betriebsnummern: E 44 506–509

* ab E 44 508

Die guten Betriebsergebnisse mit der E 44 101 veranlaßten die Deutsche Reichsbahn zu zwei Nachbestellungen für je vier Maschinen. Die dritte und letzte Serie, die bereits 1932 bei der AEG bestellt worden war, kam wegen verschiedener Änderungen erst 1934 zur Auslieferung. Neue und leistungsfähigere Motoren verlangten eine andere Anordnung beim Einbau. Aus diesem Grund wurden die Drehgestelle mit einem vergrößerten Achsstand ausgeführt. Daraus resultiert auch die größere Gesamtlänge der Lokomotiven, die nun aber wieder Maßnahmen erforderte, um die zulässige Achslast nicht zu überschreiten. Der vollständig geschweißte Brückenrahmen wurde deshalb mit zahlreichen Aussparungen versehen, die zum Hauptunterscheidungsmerkmal der Maschinen wurden. Eine günstigere Auslegung und eine bessere Kühlung des Haupttransformators trugen zur Leistungssteigerung der Fahrzeuge wesentlich bei. Auf der krümmungsreichen Gebirgsstrecke von Freilassing nach Berchtesgaden bewährten sich die Maschinen sehr gut. Ohne Änderungen konnte die Höchstgeschwindigkeit der beiden letzten Lokomotiven auf 90 km/h erhöht werden. Alle vier Maschinen, die 1938 die Betriebsnummern E 44 506–509 erhalten haben, sind nach wie vor im Einsatz.

Baureihe E 44[20] (Deutsche Reichsbahn)

Achsanordnung	Bo'Bo'	Länge über Puffer	13 500 mm
Treibrad-⌀	1250 mm	Dienstlast	82,5 Mp
Laufrad-⌀	– mm	Reibungslast	82,5 Mp
Höchstgeschwindigkeit	80 km/h	Achslast max.	22,3 Mp
Stundenleistung	2200 kW	Leistungskennziffer	26,65 kW/t
bei Geschwindigkeit	50 km/h	Stromsystem	16²/₃ Hz, 15 kV
Dauerleistung	1760 kW	Anzahl der Motoren	4
bei Geschwindigkeit	56 km/h	Antrieb	Tatzantrieb
Anfahrzugkraft	26 000 kp	Steuerung	NFein
Stundenzugkraft	16 130 kp	Anzahl der Dauerfahrstufen	15
Dauerzugkraft	11 520 kp	Transformator	2000 kVA, TF

Indienststellung 1931

Betriebsnummer: E 44 2001

Die dritte Probelokomotive aus den Jahren 1930 bis 1931 war die von den BEW und der BMAG in sehr kurzer Zeit entwickelte und fertiggestellte E 44 201. Auch beim Bau dieser Maschine wurden die mit der E 75 gesammelten Erfahrungen verwertet. Sowohl der Brückenträger als auch der Lokomotivkasten waren Schweißkonstruktionen. Die Abstützung auf die Drehgestelle erfolgte über halbkugelförmige Mittelzapfen und über seitliche Druckluftstützzapfen und Stahlgußkonsolen. Wie bei den anderen Probelokomotiven wurden auch bei der E 44 201 die Pufferträger und Zughakenkästen an den Drehgestellen montiert. Die Zug- und Stoßkräfte mußten aber von den allerdings recht kräftigen Drehzapfen aufgenommen und vom Brückenträger übertragen werden. Zwischen den Drehgestellen war eine Diagonalkupplung vorhanden, sie sollte aber nur Schlingerbewegungen der Drehgestelle unterbinden. Die Achslager waren als Pendelrollenlager ausgeführt. Bei der Anordnung der vier Tatzlagermotoren hielt man sich an die Ausführung der E 44 501. Nach nur wenig befriedigenden Versuchsfahrten war die Maschine zunächst im schlesischen Raum eingesetzt, später kam die Lok zum Bw Freilassing, wo sie in E 44 2001 umgenummert und im Jahre 1950 ausgemustert wurde.

Baureihe E 49 (preuß. EP 209/10 und 211/12)

Achsanordnung	2'B + B 1'	Länge über Puffer	16 493 mm
Treibrad-Ø	1700 mm	Dienstlast	113,0 Mp
Laufrad-Ø	1100/1150 mm	Reibungslast	68,0 Mp
Höchstgeschwindigkeit	90 km/h	Achslast max.	17,5 Mp
Stundenleistung	1765 kW	Leistungskennziffer	15,6 kW/t
bei Geschwindigkeit	55 km/h	Stromsystem	$16^2/_3$ Hz, 15 kV
Dauerleistung	1290 kW	Anzahl der Motoren	2
bei Geschwindigkeit	65 km/h	Antrieb	Stangen
Anfahrzugkraft	14 000 kp	Steuerung	SchüBv
Stundenzugkraft	11 790 kp	Anzahl der Dauerfahrstufen	–
Dauerzugkraft	7300 kp	Transformator	1600 kVA, TF

Indienststellung 1921

Betriebsnummer: E 49 02

Für die bereits geplante Elektrifizierung einiger schlesischer Gebirgsstrecken ließ sich die KPEV bereits im Jahre 1911 einige Angebote über leistungsfähige Lokomotiven für Reise- und Güterzüge unterbreiten. Zwei Entwürfe der LHW und BEW wurden ausgewählt, in den folgenden Jahren bezüglich der Stückzahl und Ausführung der Maschinen aber mehrmals korrigiert. So war bei den 13 bestellten Doppellokomotiven die Achsfolge von 1'B + B 1' in 2'B + B 1' geändert worden. Bis zur Fertigstellung der Lokomotiven verstrichen durch Krieg und Unsicherheiten beim Bau mehr als sechs Jahre. Im Jahre 1918 war dann der Auftrag auf die beiden Maschinen EP 209/10 und 211/12 reduziert worden. In jeder Fahrzeughälfte trieb ein vierzehnpoliger Motor über ein Vorgelege die Blindwelle und über Kuppelstangen die beiden Treibachsen an. Eine Tenderkupplung der normalen Bauart übertrug die Zug- und Stoßkräfte. In der hinteren Lokomotivhälfte war ein Heizkessel installiert. Schlechte Laufeigenschaften und zahlreiche Mängel im mechanischen Teil machten die Maschinen unbeliebt. Zu schwache Bremsen erlaubten keinen Einsatz im Schnellzugdienst. Die Lokomotive EP 209/10 wurde bereits 1925 ausgemustert, die zweite Maschine folgte als E 49 02 schon drei Jahre später.

Baureihe E 50 (Neubau DB)

Achsanordnung	Co'Co'	Länge über Puffer	19 490 mm
Treibrad-Ø	1250 mm	Dienstlast	126/128* Mp
Laufrad-Ø	– mm	Reibungslast	126/128* Mp
Höchstgeschwindigkeit	100 km/h	Achslast max.	21,0/21,4* Mp
Stundenleistung	4500 kW	Leistungskennz.	35,7/35,2* kW/t
bei Geschwindigkeit	79 km/h	Stromsystem	$16^{2}/_{3}$ Hz, 15 kV
Dauerleistung	4410 kW	Anzahl der Motoren	6
bei Geschwindigkeit	80 km/h	Antrieb Tatz- u. Gummiringfeder*	
Anfahrzugkraft	45 000 kp	Steuerung	StL
Stundenzugkraft	21 000 kp	Anzahl der Dauerfahrstufen	28
Dauerzugkraft	20 200 kp	Transformator	4900 kVA, OFU

Indienststellung 1957/1958 *

* ab E 50 026

Betriebsnummern: E 50 001–155, 9 Stück werden bestellt

Im Neubauprogramm der Deutschen Bundesbahn sind die sechsachsigen Lokomotiven die schwersten und leistungsstärksten. Sie sind eine Gemeinschaftsentwicklung von Krupp und AEG unter Beteiligung der Firmen Henschel, Krauss-Maffei, BBC und SSW. Ihr Einsatzgebiet ist vorwiegend der schwere Güterzugdienst. Als Basis für die Entwicklung diente die Versuchslokomotive E 10 002. Der Brückenrahmen ist eine Schweißkonstruktion, er trägt an den beiden Kopfstücken die Zug- und Stoßeinrichtungen. Der Kastenaufbau ist aus Abkantprofilen hergestellt, die in Verbindung mit den Bekleidungsblechen geschlossene Träger bilden. Brückenrahmen und Kastenaufbau sind als selbsttragende zusammenhängende Konstruktion miteinander verschweißt. Die Kraftübertragung von den sechs Fahrmotoren zu den Achsen übernimmt bei den Lokomotiven E 50 001–025 ein Tatzlagerantrieb. Alle nachfolgenden Maschinen sind mit dem Gummiringfederantrieb und einem zweiseitigen Stirnradvorgelege ausgerüstet. Außer einer Spindelhandbremse sind eine einlösige Knorr-Einkammer-Druckluftbremse und eine Gleichstrom-Widerstandsbremse eingebaut. Indusi und Sifa gehören ebenfalls zur Standardausrüstung. Ab der E 50 042 ergaben sich kleine Änderungen.

Baureihe E 50³ (preuß. EP 236–246)

Achsanordnung	2'D 1'	Länge über Puffer	14 800 mm
Treibrad-⌀	1250 mm	Dienstlast	108,6 Mp
Laufrad-⌀	1000 mm	Reibungslast	65,0 Mp
Höchstgeschwindigkeit	90 km/h	Achslast max.	16,9 Mp
Stundenleistung	2400 kW	Leistungskennziffer	22,1 kW/t
bei Geschwindigkeit	58 km/h	Stromsystem	16⅔ Hz, 15 kV
Dauerleistung	1650 kW	Anzahl der Motoren	1
bei Geschwindigkeit	65 km/h	Antrieb	Stangen
Anfahrzugkraft	24 000 kp	Steuerung	SchüBv
Stundenzugkraft	15 300 kp	Anzahl der Dauerfahrstufen	18
Dauerzugkraft	9300 kp	Transformator	1600 kVA, TF

Indienststellung 1924

Betriebsnummern: E 50 36–46

Zu den ersten Lokomotiven für den schweren Personenzugdienst bei der KPEV zählte die 2'D 1'-Maschine mit der Bezeichnung EP 235, deren Bau und Konzeption vor dem Ersten Weltkrieg sehr umstritten war. Nachdem sich das Fahrzeug aber doch recht gut bewährte, wurden weitere elf Maschinen in sehr ähnlicher Ausführung bestellt und von 1924 bis 1925 als EP 236–246 in Dienst gestellt. Das Fahrwerk war ohne festen Achsstand mit einem zweiachsigen Lotter-Gestell, vier Kuppelachsen und mit einer Bissel-Achse ausgeführt. Über der hinteren Laufachse war bei den ersten fünf Maschinen ein Heizkessel in einem Vorbau untergebracht. Der große sechsunddreißigpolige Fahrmotor hatte seinen Platz in der Mitte über der zweiten und dritten Kuppelachse. Der Antrieb auf die beiden Blindwellen erfolgte über einen Zweistangenantrieb. Die Blindwellen waren mit den vier Treibachsen über Kuppelstangen verbunden. Gebaut wurden die Lokomotiven von den LHW und den BEW. Ab 1927 trugen die Maschinen die Betriebsnummern E 50 36–46. Bis 1946 waren sie hauptsächlich bei den Direktionsbezirken Halle und Magdeburg eingesetzt. Die Lokomotive E 50 42 wurde ebenfalls zerlegt, Rahmen und Triebwerk gelangten aber in das Verkehrsmuseum Dresden.

Baureihe E 50[4] (preuß. EP 247–252)

Achsanordnung	2'D 1'	Länge über Puffer	15 200 mm
Treibrad-⌀	1250 mm	Dienstlast	114,2 Mp
Laufrad-⌀	1000 mm	Reibungslast	67,7 Mp
Höchstgeschwindigkeit	90 km/h	Achslast max.	17,5 Mp
Stundenleistung	2400 kW	Leistungskennziffer	16,6 kW/t
bei Geschwindigkeit	58 km/h	Stromsystem	16²/₃ Hz, 15 kV
Dauerleistung	1600 kW	Anzahl der Motoren	1
bei Geschwindigkeit	70 km/h	Antrieb	Stangen
Anfahrzugkraft	20 600 kp	Steuerung	N
Stundenzugkraft	11 620 kp	Anzahl der Dauerfahrstufen	15
Dauerzugkraft	8400 kp	Transformator	1800 kVA, OSA

Indienststellung 1924

Betriebsnummern: E 50 47–52

Fast gleichzeitig mit den Maschinen EP 236–246 entstanden bei den MSW und bei der BMAG sechs Lokomotiven mit derselben Achsanordnung. Im Aufbau unterschieden sich die Maschinen aber recht deutlich. Die EP 247–252 hatten zwei Vorbauten erhalten. Vor dem vorderen Führerstand war der Haupttransformator mit den Rohrschlangen des Ölkühlers angeordnet. Im hinteren Anbau befand sich ein Heizkessel für die Zugheizung. Später wurden die Heizkessel bei allen Lokomotiven wieder ausgebaut. Die Anordnung des Motors und des Triebwerks mit dem Zweistangenantrieb entsprach den Maschinen der Baureihe E 50^3. Auch das Fahrwerk war mit einem Lotter-Gestell und mit einer Bissel-Achse ausgeführt. Bei der elektrischen Ausrüstung wich man aber vom Üblichen ab und entwickelte bei den MSW eine Steuerung, aus der dann später die Einheitssteuerung abgeleitet wurde. Das erste Einsatzgebiet waren die Gebirgsstrecken in Schlesien. Anschließend kamen die Lokomotiven auf die Strecke Magdeburg–Halle–Leipzig. Die Maschinen bewährten sich recht gut und waren als E 50 47–52 bis zum Jahre 1945 im schweren Personenzugdienst eingesetzt. Drei Lokomotiven waren nach Ende des Krieges noch vorhanden und wurden 1956 von der DR verschrottet.

Die Lokomotiven befinden sich immer noch im Stadium der Entwicklung. Es war bislang unmöglich, Abbildungen dieser Fahrzeuge zu erhalten.

Baureihe E 51 (Neubau DR)

Achsanordnung	Co'Co'	Länge über Puffer	18 640 mm
Treibrad-∅	1250 mm	Dienstlast	120,0 Mp
Laufrad-∅	– mm	Reibungslast	120,0 Mp
Höchstgeschwindigkeit	120 km/h	Achslast max.	20,0 Mp
Stundenleistung	5400 kW	Leistungskennziffer	45,0 kW/t
bei Geschwindigkeit	km/h	Stromsystem	$16^2/_3$ Hz, 15 kV
Dauerleistung	kW	Anzahl der Motoren	6
bei Geschwindigkeit	km/h	Antrieb	Kegelringfeder
Anfahrzugkraft	50 000 kp	Steuerung	StL
Stundenzugkraft	kp	Anzahl der Dauerfahrstufen	
Dauerzugkraft	kp	Transformator	

Indienststellung

Betriebsnummern: E 51 001–

Die Lokomotiven befinden sich immer noch im Stadium der Entwicklung. Es war bislang unmöglich, Abbildungen dieser Fahrzeuge zu erhalten.

Ähnlich wie in der Bundesrepublik vollzieht sich nun auch in der DDR ein Wandel bei den Traktionsmitteln der Deutschen Reichsbahn. Nach einer Studie der Hauptverwaltung Maschinenwirtschaft der DDR aus dem Jahre 1968, soll dieser Wandel bis zum Ende der siebziger Jahre abgeschlossen sein. Schon bis zum Jahre 1975 sollen alle Dampflokomotiven durch moderne Diesel- und Elektrotriebfahrzeuge abgelöst werden. Für die in verstärktem Ausmaß elektrifizierten Strecken ließ die DR bereits verschiedene Lokomotivgattungen entwickeln und setzt schon eine größere Zahl von Elektrolokomotiven im mittelschweren Personen- und Güterzugdienst ein. Für schwere und schwerste Züge wurde nun in jüngster Zeit die Baureihe E 51 vom VEB LEW Hennigsdorf realisiert. Diese Gattung wurde aus der für die Rübelandbahn gelieferten Reihe E 251 abgeleitet. Für die Beförderung schwerer Schnellzüge soll außerdem noch eine Variante, die E 51^{10} mit einer Höchstgeschwindigkeit von 160 km/h, gebaut werden. Die sechsachsigen Lokomotiven der Baureihen E 51 und E 51^{10} unterscheiden sich im Fahrzeugteil nur unwesentlich von der Reihe E 251. Im Gegensatz zu den anderen Neubauten werden die Maschinen der Reihen 51 den LEW-Kegelringfeder-Antrieb haben.

Baureihe E 52 (bayer. EP 5)

Achsanordnung	2'B B 2'	Länge über Puffer	17 210 mm
Treibrad-∅	1400 mm	Dienstlast	140,0 Mp
Laufrad-∅	850 mm	Reibungslast	78,0 Mp
Höchstgeschwindigkeit	90 km/h	Achslast max.	19,6 Mp
Stundenleistung	2200 kW	Leistungskennziffer	15,7 kW/t
bei Geschwindigkeit	62,5 km/h	Stromsystem	$16^{2}/_{3}$ Hz, 15 kV
Dauerleistung	1660 kW	Anz. d. Mot.	2 Doppelmotoren
bei Geschwindigkeit	76,3 km/h	Antrieb	Stangen
Anfahrzugkraft	20 000 kp	Steuerung	Schü
Stundenzugkraft	12 900 kp	Anzahl der Dauerfahrstufen	19
Dauerzugkraft	8000 kp	Transformator	2050 kVA, OFA

Indienststellung 1924

Betriebsnummern: E 52 01–35

In dem ersten von der Deutschen Reichsbahn aufgestellten Beschaffungsprogramm neuer Fahrzeuge für die Gruppenverwaltung Bayern war auch eine Lokomotivgattung für den schweren Personenzugdienst enthalten. Aus zahlreichen Entwürfen wurde ein Projekt ausgewählt, mehrfach abgeändert und als 2'B B 2'-Lokomotive schließlich realisiert. Man ging bei diesen Maschinen aus begründeter Abneigung gegen einen großen auf vier kleinere Motoren über. Das Triebwerk wurde in zwei Gruppen geteilt. Jeder Gruppe sind zwei Motoren zugeordnet, die über Stirnräder eine Vorgelegewelle und von dort über ein Parallelkurbelgetriebe mit Schrägstangen eine Blindwelle und zwei Kuppelachsen antreiben. Um die Achslasten in zulässigen Grenzen zu halten, war, wie schon erwähnt, an jedem Ende des Fahrzeuges ein Drehgestell erforderlich. Der durchgehende lange Rahmen, der Kastenaufbau mit abgeschrägten Ecken und mit Stirnwandtüren sind die besonderen Merkmale der 35 Lokomotiven, die von Maffei und der WASSEG als EP 5 21 501–535 geliefert wurden. 1927 erhielten sie dann die Nummern E 52 01–35. Von den sehr teuren und schweren „Jumbos" mußten bis 1950 sechs Stück ausgemustert werden, alle anderen kamen zur DB, werden nun aber auch bald ausgedient haben.

Baureihe E 60 (Deutsche Reichsbahn)

Achsanordnung	1'C	Länge über Puffer	11 100 mm
Treibrad-Ø	1250 mm	Dienstlast	72,5 Mp
Laufrad-Ø	850 mm	Reibungslast	57,9 Mp
Höchstgeschwindigkeit	55 km/h	Achslast max.	19,3 Mp
Stundenleistung	1074 kW	Leistungskennziffer	14,8 kW/t
bei Geschwindigkeit	38 km/h	Stromsystem	$16^2/_3$ Hz, 15 kV
Dauerleistung	830 kW	Anz. d. Motoren	1 Doppelmotor
bei Geschwindigkeit	46 km/h	Antrieb	Stangen
Anfahrzugkraft	15 300 kp	Steuerung	Schü
Stundenzugkraft	10 380 kp	Anzahl der Dauerfahrstufen	14
Dauerzugkraft	6550 kp	Transformator	730 kVA, OSA

Indienststellung 1927

Betriebsnummern: E 60 01–14

Die AEG lieferte im Jahre 1927 die beiden ersten Lokomotiven der Baureihe E 60, die für den Verschiebedienst auf den großen bayerischen Bahnhöfen von der Deutschen Reichsbahn bestellt worden waren. In der Ausschreibung war verlangt, daß möglichst viele Baugruppen der Baureihen E 52 und E 91 verwendet werden sollen. Entsprechend wurden dann auch die Anordnung der beiden Fahrmotoren, des Stirnradvorgeleges mit der Blindwelle und des „Winterthurer Schrägstangenantriebes" ausgeführt. Aus Gründen einer besseren Lastverteilung erhielten die Lokomotiven eine Bissel-Laufachse. Im Jahre 1928 folgten weitere fünf Maschinen, die ebenfalls von der AEG geliefert wurden. Eine dritte Serie mit insgesamt sieben Stück konnte bis 1934 in Dienst gestellt werden. Die elektrische Ausrüstung für die beiden letzten Maschinen lieferten die SSW. Einzelne Lokomotiven waren vorübergehend im Münchener Vorortverkehr eingesetzt. Nach einer Grundüberholung Ende der fünfziger Jahre kamen alle Maschinen wieder in den Verschiebedienst. Für diesen Verwendungszweck sind sie mit Rangierbrücken an den Stirnseiten ausgerüstet worden und haben einen weinroten Anstrich erhalten. Die ursprünglichen Stromabnehmer mit zwei Schleifstücken wurden durch Einheitsstromabnehmer ersetzt.

Baureihe E 61 (bad. A^2)

Achsanordnung	1'C 1'	Länge über Puffer	12 400 mm
Treibrad-Ø	1050 mm	Dienstlast	71,1/73,8* Mp
Laufrad-Ø	850 mm	Reibungslast	42,9/44,1* Mp
Höchstgeschwindigkeit	60 km/h	Achslast max.	14,3/14,7* Mp
Stundenleistung	750 kW	Leistungskennz.	10,5/10,1* kW/t
bei Geschwindigkeit	50 km/h	Stromsystem	$16^2/_3$ Hz, 15 kV
Dauerleistung	350 kW	Anzahl der Motoren	2
bei Geschwindigkeit	40 km/h	Antrieb	Stangen
Anfahrzugkraft	8750 kp	Steuerung	DL
Stundenzugkraft	5500 kp	Anzahl der Dauerfahrstufen	
Dauerzugkraft	3210 kp	Transformator	435 kVA, OS

Indienststellung 1911

Betriebsnummern: E 61 01–09 * E 61 04

Eine der ersten deutschen Lokomotiven für Hauptbahnen war die badische A^1, die aber nie ganz befriedigen konnte. Aufgrund der mit dieser Maschine gewonnenen Erfahrungen schufen Maffei und die SSW die neue Gattung A^2. Die Lokomotiven erhielten einen Kastenaufbau mit zwei Endführerständen. Drei Kuppelachsen, über Stangen von einer Blindwelle angetrieben, und zwei Adams-Laufachsen bildeten das Laufwerk. Zwei zwölfpolige Reihenschlußmotoren waren über der ersten und zweiten Kuppelachse angeordnet und arbeiteten gemeinsam über zwei schräge Treibstangen auf die Blindwelle. Starke Schüttelschwingungen waren der Anlaß dafür, die Triebwerksanordnung bei der Nr. 4 zu ändern. Bei dieser Lokomotive waren zwei Blindwellen vorhanden, jeweils zwischen den Kuppelachsen liegend. Jeder Motor arbeitete vom anderen getrennt auf eine der beiden Blindwellen. Eine wesentliche Verbesserung der Laufeigenschaften konnte aber nicht erzielt werden. Alle neun Maschinen der Gattung A^2 wurden von der Deutschen Reichsbahn als Baureihe E 61 mit den Betriebsnummern E 61 01–09 übernommen. Bis zu ihrer Ausmusterung in den Jahren 1930 und 1936 waren die Lokomotiven stets auf den Strecken der Wiesen- und Wehratalbahn in Südbaden eingesetzt.

Baureihe E 61² (bad. A³)

Achsanordnung	1'C 1'	Länge über Puffer	11 960 mm
Treibrad-⌀	1480 mm	Dienstlast	70,0 Mp
Laufrad-⌀	990 mm	Reibungslast	43,3 Mp
Höchstgeschwindigkeit	70 km/h	Achslast max.	14,5 Mp
Stundenleistung	660 kW	Leistungskennziffer	9,4 kW/t
bei Geschwindigkeit	50 km/h	Stromsystem	16²/₃ Hz, 15 kV
Dauerleistung	590 kW	Anzahl der Motoren	2
bei Geschwindigkeit	km/h	Antrieb	Stangen
Anfahrzugkraft	9500 kp	Steuerung	Bv
Stundenzugkraft	4850 kp	Anzahl der Dauerfahrstufen	
Dauerzugkraft	kp	Transformator	OS

Indienststellung 1913

Betriebsnummern: E 61 21 und 22

Als dritte Lokomotivgattung für den Einsatz auf Wiesen- und Wehratalbahn der Badischen Staatsbahn entstand 1913 die A^3. Die beiden Maschinen dieser Gattung, von BBC und der MBGK entwickelt und gebaut, hatten ebenfalls die Achsfolge 1'C 1', unterschieden sich sonst aber recht eindeutig von ihren Vorgängerinnen. Die Fahrmotoren, zwei große Gestellmotoren, hatten ihren Platz genau in der Fahrzeugmitte zwischen den Kuppelachsen erhalten. Auf den Einbau von Blindwellen war verzichtet worden. Der Zweistangenantrieb arbeitete direkt auf die mittlere Treibachse. Das Laufwerk war mit einer Nowotny-Achse hinten und mit einer Adams-Achse vorne ausgeführt. Der symetrische Lokomotivkasten hatte zwei trapezförmig ausgebildete Führerstände. Bei Indienststellung war in den Maschinen auch ein Heizkessel für die Zugheizung eingebaut, der später aber wieder entfernt werden konnte. Die Geschwindigkeitsregelung erfolgte nur durch Bürstenverschiebung der Déri-Motoren, der Haupttransformator lieferte eine konstante Spannung. Die Lokomotiven waren hauptsächlich im Eilzugdienst eingesetzt, sie bewährten sich zwar besser als die zuvor gelieferten Maschinen, wurden aber wegen vieler kleinerer Mängel bereits 1930 ausgemustert.

Baureihe E 62 (bayer. EP 1)

Achsanordnung	1'C 1'	Länge über Puffer	12 250 mm
Treibrad-Ø	1050 mm	Dienstlast	72,5 Mp
Laufrad-Ø	850 mm	Reibungslast	46,5 Mp
Höchstgeschwindigkeit	45 km/h	Achslast max.	15,5 Mp
Stundenleistung	710 kW	Leistungskennziffer	9,8 kW/t
bei Geschwindigkeit	40 km/h	Stromsystem	$16\frac{2}{3}$ Hz, 15 kV
Dauerleistung	440 kW	Anzahl der Motoren	1
bei Geschwindigkeit	45 km/h	Antrieb	Stangen
Anfahrzugkraft	13 350 kp	Steuerung	DL
Stundenzugkraft	6520 kp	Anzahl der Dauerfahrstufen	11
Dauerzugkraft	3590 kp	Transformator	560 kVA, OS

Indienststellung 1912

Betriebsnummern: E 62 01–05

Für den Personenzugdienst auf der elektrifizierten Mittenwaldbahn und für die Strecke Freilassing–Berchtesgaden erwarb die Bayerische Staatsbahn fünf 1'C 1'-Lokomotiven von den Firmen Maffei und MSW. Die Maschinen entsprachen in den Hauptmaßen genau der badischen Gattung A^2. Auch der Lokomotivkasten mit den trapezförmigen Führerständen zeigte nur geringe Unterschiede, war aber mit Stirntüren versehen worden. Ein großer Motor zwischen der zweiten und dritten Kuppelachse trieb über schräge Treibstangen eine Blindwelle an. Die beiden Laufachsen waren als Adams-Achsen ausgeführt. Der Durchmesser der Treibachsen war mit nur 1050 mm außergewöhnlich klein gehalten. Anstatt der zu dieser Zeit üblichen Heizkessel hatten die Fahrzeuge bereits die Anschlüsse für eine elektrische Zugheizung erhalten. Im Gegensatz zu den badischen Lokomotiven bewährten sich die bayerischen Maschinen recht gut. Bei der Lieferung erhielten die Maschinen die Bezeichnung EP 3/5 20 001–005, später wurden sie als EP 1 20 001–005 und ab 1927 als Baureihe E 62 geführt. Eine von ihnen zog den Eröffnungszug auf der Strecke Freilassing–Berchtesgaden am 1. 8. 1915. Die Lokomotiven waren immer in Garmisch-Partenkirchen und in Freilassing stationiert, sie wurden erst 1955 ausgemustert.

Baureihe E 63 (Deutsche Reichsbahn)

Achsanordnung	C	Länge über Puffer	10 200 mm
Treibrad-⌀	1250 mm	Dienstlast	53,1 Mp
Laufrad-⌀	– mm	Reibungslast	53,1 Mp
Höchstgeschwindigkeit	45 km/h	Achslast max.	17,7 Mp
Stundenleistung	725 kW	Leistungskennziffer	13,65 kW/t
bei Geschwindigkeit	35 km/h	Stromsystem	$16^2/_3$ Hz, 15 kV
Dauerleistung	667 kW	Anzahl der Motoren	1
bei Geschwindigkeit	36,5 km/h	Antrieb	Stangen
Anfahrzugkraft	17 000 kp	Steuerung	N
Stundenzugkraft	7600 kp	Anzahl der Dauerfahrstufen	14
Dauerzugkraft	6700 kp	Transformator	540 kVA, OFA

Indienststellung 1935/1937*

Betriebsnummern: E 63 01–04 und 08*

Der Bedarf an elektrischen Rangierlokomotiven war mit der Indienststellung der E 60 noch nicht gedeckt. Schon bei Lieferung der E 60 13 und 14 lagen mehrere Entwürfe für eine laufachslose Verschiebelokomotive vor. Alle Angebote bezogen sich auf dreiachsige Maschinen mit gekuppelten Achsen. Die SSW wollten zwei Fahrmotoren einbauen, die AEG und BBC hatten einmotorige Fahrzeuge vorgesehen. Die Deutsche Reichsbahn entschied sich für die Ausführung mit einem Motor und bestellte 1934 bei der AEG vier und bei BBC drei Lokomotiven. Sowohl die Maschinen E 63 01–04 als auch die im Jahre 1937 nachgelieferte E 63 08 wurden im elektrischen und mechanischen Teil von der AEG gebaut. Die Fahrmotoren entsprachen jenen der Baureihe E 18, sie sind als Tatzlagermotoren eingebaut worden. Der Antrieb erfolgt über ein Vorgelege auf eine Blindwelle und über einen Schrägstangenantrieb der Bauart Winterthur auf die letzte Kuppelachse. Der Führerstand befindet sich über den beiden hinteren Achsen. Die beiden Vorbauten, ein kurzer und ein langer, sind leicht abgeschrägt. Zwei Lokomotiven waren zunächst in Stuttgart und drei in München stationiert. Nach einer Grundüberholung Anfang der sechziger Jahre kamen alle nach Stuttgart Hbf.

Baureihe E 63 (Deutsche Reichsbahn)

Achsanordnung	C	Länge über Puffer	10 200 mm
Treibrad-⌀	1250 mm	Dienstlast	51,4 Mp
Laufrad-⌀	– mm	Reibungslast	51,4 Mp
Höchstgeschwindigkeit	50 km/h	Achslast max.	17,4 Mp
Stundenleistung	710 kW	Leistungskennziffer	13,8 kW/t
bei Geschwindigkeit	34,7 km/h	Stromsystem	$16^{2}/_{3}$ Hz, 15 kV
Dauerleistung	650 kW	Anzahl der Motoren	1
bei Geschwindigkeit	35,6 km/h	Antrieb	Stangen
Anfahrzugkraft	12 000 kp	Steuerung	N
Stundenzugkraft	7500 kp	Anzahl der Dauerfahrstufen	13
Dauerzugkraft	6530 kp	Transformator	500 kVA, OFA

Indienststellung 1935

Betriebsnummern: E 63 05–07

Die drei von BBC und Krauss-Maffei gelieferten Lokomotiven der Baureihe E 63 weisen zwar dieselben Hauptmaße auf wie die Maschinen der AEG, sie unterscheiden sich aber im Aufbau und in der elektrischen Ausrüstung. Bei den Lokomotiven E 63 05–07 sind die Vorbauten etwas höher, vorne stärker abgeschrägt und abgerundet. Als Fahrmotoren wurden die bewährten Motoren der E 16^1 verwendet. Der Antrieb erfolgt wie bei den AEG-Maschinen über Vorgelege, Blindwelle und Schrägstangenantrieb auf die letzte Achse. Da die Lokomotiven nur für den Verschiebedienst gebaut worden sind, verzichtete man auf die zuerst vorgesehene Höchstgeschwindigkeit von 65 km/h und legte die Fahrzeuge für eine hohe Anfahrzugkraft aus. Um die Reibungslast zu erhöhen, führen die Maschinen der AEG einen Ballast von 1,2 Mp mit sich. Alle Lokomotiven der Baureihe E 63 hatten bei ihrer Lieferung Stromabnehmer mit zwei Schleifstücken erhalten. Diese wurden später gegen Einheitsstromabnehmer ausgetauscht. Bei der in den Jahren 1960/61 durchgeführten Grundüberholung erhielten alle Lokomotiven einen weinroten Anstrich und Rangierbrücken über den Pufferbohlen. Die E 63 05–07 sind in Augsburg stationiert, sie haben sich, wie alle Maschinen der Reihe E 63, gut bewährt.

Baureihe E 69 01 (LAG 1)

Achsanordnung	Bo	Länge über Puffer	7500 mm
Treibrad-∅	1000 mm	Dienstlast	23,5 Mp
Laufrad-∅	– mm	Reibungslast	23,5 Mp
Höchstgeschwindigkeit	40 km/h	Achslast max.	11,8 Mp
Stundenleistung	206 kW	Leistungskennziffer	8,8 kW/t
bei Geschwindigkeit	18 km/h	Stromsystem	$16^2/_3$ Hz, 5,5 kV
Dauerleistung	160 kW	Anzahl der Motoren	2
bei Geschwindigkeit	24 km/h	Antrieb	Tatzantrieb
Anfahrzugkraft	5500 kp	Steuerung	Schü
Stundenzugkraft	4200 kp	Anzahl der Dauerfahrstufen	6
Dauerzugkraft	2450 kp	Transformat.	170*/200** kVA, OS

Indienststellung 1905, Umbau 1935

Betriebsnummer: E 69 01

* Sommerleistung ** Winterleistung

Am 1. 1. 1904 war die Bahnlinie Murnau–Oberammergau von der LAG erworben und ihre Elektrifizierung mit 5,5 kV bei 16 Hz beschlossen worden. Später erfolgte die Änderung auf 5 kV und $16^{2}/_{3}$ Hz. Nach vier Triebwagen folgte im Jahre 1905 eine zweiachsige Lokomotive mit der Nummer LAG 1. Diese erste Einphasen-Wechselstrom-Lokomotive Deutschlands war von den SSW im elektrischen Teil und von der Katharinenhütte in Rohrbach/Pfalz gebaut worden. Der Antrieb erfolgte durch zwei Tatzlagermotoren. Diese Antriebsart wurde dann erst Ende der zwanziger Jahre wieder aufgegriffen. Der sich durch Federkraft aufrichtende merkwürdige Stromabnehmer konnte mittels eines Seilzuges eingezogen werden. Am 1. 8. 1938 wurde die LAG von der Deutschen Reichsbahn übernommen und die Lokomotive LAG 1 als E 69 01 bezeichnet. Bis zum Jahre 1954 legte die Maschine rund 1,5 Millionen km zurück, dann aber wurde sie ausgemustert, weil die Strecke auf 15 kV, $16^{2}/_{3}$ Hz umgestellt worden ist. Ein Umbau der Lokomotive erschien nicht mehr lohnend. Die E 69 01 blieb aber erhalten, sie kam nach ihrer Ausmusterung am 25. 11. 1954 in das AW München-Freimann. Dort wurde sie in ihren Ursprungszustand als LAG 1 zurückversetzt und in den Grünanlagen des Werkes als Denkmal aufgestellt.

Baureihe E 69 02 (LAG 2)

Achsanordnung	Bo	Länge über Puffer	7350 mm
Treibrad-ϕ	1000 mm	Dienstlast	25,5 Mp
Laufrad-ϕ	– mm	Reibungslast	25,5 Mp
Höchstgeschwindigkeit	50 km/h	Achslast max.	12,8 Mp
Stundenleistung	352 kW	Leistungskennziffer	13,8 kW/t
bei Geschwindigkeit	33 km/h	Stromsystem	$16^{2}/_{3}$ Hz, 5,5/15 kV
Dauerleistung	306 kW	Anzahl der Motoren	2
bei Geschwindigkeit	37 km/h	Antrieb	Tatzantrieb
Anfahrzugkraft	8400 kp	Steuerung	N
Stundenzugkraft	4300 kp	Anzahl der Dauerfahrstufen	12
Dauerzugkraft	3400 kp	Transformat.	324*/404** kVA, OS

Indienststellung 1909, Umbau 1936 und 1954

Betriebsnummer: E 69 02

* Sommerleistung ** Winterleistung

Als das Verkehrsaufkommen auf der Strecke Murnau–Oberammergau ständig zunahm, mußten weitere Lokomotiven beschafft werden. Die zweite Maschine nahm, als LAG 2 bezeichnet, im August des Jahres 1909 ihren Dienst auf. Als Lieferfirmen zeichneten Krauss und SSW. Die Lokomotive hatte ebenfalls Tatzlagermotoren und zunächst denselben Stromabnehmer wie die LAG 1 erhalten. Bei einem Umbau in der bahneigenen Werkstätte in Murnau wurde 1938 zusammen mit BBC die gesamte elektrische Ausrüstung erneuert und die Antriebsleistung erhöht. Dabei hatte man zwischen Bodenblech und Lokomotivkasten einen 240 mm hohen Rahmen aus U-Profilen eingesetzt, die Stangenpuffer gegen moderne Hülsenpuffer getauscht und eine Sicherheitsfahrschaltung installiert. 1938 bei Übernahme durch die Deutsche Reichsbahn erhielt die Maschine die Betriebsnummer E 69 02. Im Jahre 1949 erfolgte der Einbau von Motoren aus Triebwagen der Reihe ET 31. Bei der Umstellung der Strecke auf 15 kV kam die Maschine in das AW Freimann, wo sie mit einer UKW-Rangierfunkanlage ausgerüstet wurde. Von 1955 bis 1964 war die Lok im Heidelberger Hauptbahnhof eingesetzt. Danach kam sie wieder nach Murnau zurück und versieht dort als älteste E-Lok der DB immer noch ihren Dienst vor Personenzügen.

Baureihe E 69 03 (LAG 3)

Achsanordnung	Bo	Länge über Puffer	7350 mm
Treibrad-Ø	1000 mm	Dienstlast	26,0 Mp
Laufrad-Ø	– mm	Reibungslast	26,0 Mp
Höchstgeschwindigkeit	50 km/h	Achslast max.	13,0 Mp
Stundenleistung	352 kW	Leistungskennziffer	13,8 kW/t
bei Geschwindigkeit	33 km/h	Stromsystem	$16^2/_3$ Hz, 5,5/15 kV
Dauerleistung	306 kW	Anzahl der Motoren	2
bei Geschwindigkeit	37 km/h	Antrieb	Tatzantrieb
Anfahrzugkraft	8400 kp	Steuerung	N
Stundenzugkraft	4300 kp	Anzahl der Dauerfahrstufen	12
Dauerzugkraft	3400 kp	Transformat.	324*/404** kVA OS

Indienststellung 1912, Umbau 1940 und 1954

Betriebsnummer: E 69 03

* Sommerleistung ** Winterleistung

Die dritte Lokomotive, als LAG 3 bezeichnet, wurde von Krauss und den SSW im Jahre 1912 für den Einsatz vor Personenzügen auf der Strecke Murnau–Oberammergau geliefert. Von der Nr. 2 unterscheidet sie sich nur durch die beiden bis über die Pufferträger reichenden Vorbauten. Der erste Umbau dieses Fahrzeuges erfolgte erst 1940 im AW Freimann. Außer einer neuen elektrischen Ausrüstung wurde auch bei der E 69 03, wie sie seit 1938 bezeichnet ist, ein 240 mm hoher Profilrahmen zwischen Bodenblech und Aufbau eingesetzt. Beim zweiten Umbau erfolgte ein Tausch der Fahrmotoren gegen Motoren aus ausgemusterten Triebwagen der Baureihe ET 31. Nach der Angleichung der Strecke an das einheitliche 15-kV-Netz der DB waren 1954 erneut Umbauten erforderlich. Bei diesen Arbeiten wurden die Einrichtungen für UKW-Rangierfunk eingebaut. Zusammen mit der E 69 02 war auch die E 69 03 von 1955 an für neun Jahre im Verschiebedienst im Bahnhof Heidelberg eingesetzt. Nach diesem Gastspiel kehrten beide Maschinen wieder auf ihre Stammstrecke Murnau–Oberammergau zurück. Die E 69 03 hatte inzwischen einen weinroten Anstrich erhalten. Heimatbetriebswerk für alle Lokomotiven der Baureihe E 69 ist nach wie vor das Bw Garmisch-Partenkirchen mit der Außenstelle Murnau.

Baureihe E 69 04 (LAG 4)

Achsanordnung	Bo	Länge über Puffer	7750 mm
Treibrad-Ø	1000 mm	Dienstlast	25,6 Mp
Laufrad-Ø	– mm	Reibungslast	25,6 Mp
Höchstgeschwindigkeit	50 km/h	Achslast max.	12,8 Mp
Stundenleistung	268 kW	Leistungskennziffer	10,5 kW/t
bei Geschwindigkeit	26 km/h	Stromsystem	$16^2/_3$ Hz, 5,5/15 kV
Dauerleistung	237 kW	Anzahl der Motoren	2
bei Geschwindigkeit	28 km/h	Antrieb	Tatzantrieb
Anfahrzugkraft	7000 kp	Steuerung	Schü
Stundenzugkraft	3780 kp	Anzahl der Dauerfahrstufen	6
Dauerzugkraft	3110 kp	Transformat.	230*/310** kVA, OS

Indienststellung 1922, Umbau 1934 und 1955

Betriebsnummer: E 69 04

* Sommerbetrieb ** Winterbetrieb

Zu Beginn der zwanziger Jahre benötigte die LAG dringend eine leistungsfähige Güterzuglokomotive für die Strecke nach Oberammergau. Siemens in Berlin lieferte im Jahre 1922 eine zweiachsige Lokomotive mit einem recht eigenartigen Aufbau. Das Führerhaus war ganz an das hintere Fahrzeugende gerückt, davor befand sich ein langer abgeschrägter Vorbau, auf den sich das weit vorgezogene Dach abstützte. Außer den beiden seitlichen Türen war in der Rückwand des Führerhauses eine dritte Tür vorhanden. Lange Zeit wußte man nicht, aus welchen Gründen diese ausgefallene Konstruktion entstanden war. Erst in jüngster Zeit wurde bekannt, daß die LAG 4 aus einer Hälfte der Siemens-Versuchslokomotive von Marienfelde–Zosen gebaut worden war. Die elektrische Ausrüstung mit den beiden Tatzlagermotoren wurde jedoch neu entwickelt. Erst im Jahre 1934 wurde von Krauss-Maffei ein neuer Lokomotivkasten geliefert, der weitgehend jenem der Lok LAG 5 glich. Die elektrische Ausrüstung blieb unverändert, sie mußte erst 1955 für das neue 15-kV-Netz umgebaut werden. Dieser letzte Umbau wurde im AW Freimann vorgenommen. Seit Mai 1955 ist die E 69 04 wieder auf ihrer Hausstrecke zwischen Murnau und Oberammergau.

Baureihe E 69 05 (LAG 5)

Achsanordnung	Bo	Länge über Puffer	8700 mm
Treibrad-Ø	1000 mm	Dienstlast	32,0 Mp
Laufrad-Ø	– mm	Reibungslast	32,0 Mp
Höchstgeschwindigkeit	50 km/h	Achslast max.	16,0 Mp
Stundenleistung	605 kW	Leistungskennziffer	18,9 kW/t
bei Geschwindigkeit	36 km/h	Stromsystem	$16^2/_3$ Hz, 5,5/15 kV
Dauerleistung	565 kW	Anzahl der Motoren	2
bei Geschwindigkeit	37 km/h	Antrieb	Tatzantrieb
Anfahrzugkraft	9500 kp	Steuerung	N
Stundenzugkraft	6160 kp	Anzahl der Dauerfahrstufen	12
Dauerzugkraft	5600 kp	Transform.	470*/530** kVA, OFU

Indienststellung 1930, Umbau 1936 und 1955

Betriebsnummer: E 69 05

* Sommerbetrieb ** Winterbetrieb

Als schwerste und leistungsstärkste Lokomotive entstand bei Maffei und den SSW im Jahre 1930 die Maschine LAG 5 für die Beförderung schwerer Züge. Die Nr. 5 hatte gegenüber den ersten vier Lokomotiven nicht nur wesentlich stärkere Tatzlagermotoren, sondern auch einen längeren Achsstand und einen voluminöseren Aufbau erhalten. Das Führerhaus war geräumiger gestaltet worden, die Vorbauten wurden höher und in ihrem vorderen Bereich leicht abgeschrägt. Auch in der elektrischen Ausrüstung unterschied sich die E 69 05, wie sie ab der Übernahme der LAG durch die Deutsche Reichsbahn hieß, sehr klar von den anderen Maschinen. Der ursprünglich vorhandene Stromabnehmer mit zwei Schleifstücken wurde später gegen einen Regelstromabnehmer ausgetauscht. Zu den besonderen Einrichtungen der E 69 05 zählt eine BBC-Sicherheitsfahrschaltung. Nach der Umstellung der Strecke von 5,5 auf 15 kV im Jahre 1954 stand nach dem Umbau im AW München-Freimann die E 69 05 als erste Lokomotive wieder zur Verfügung. Die Maschine ist seither wieder zusammen mit der E 69 04 hauptsächlich im Güterzugdienst eingesetzt. Aufgrund der hohen Reibungslast und mit den reichlich dimensionierten Motoren konnte die E 69 05 alle Aufgaben bewältigen.

Baureihe E 70 02/03 (preuß. EG 502 und 503)

Achsanordnung	D	Länge über Puffer	10 500 mm
Treibrad-Ø	1050 mm	Dienstlast	66,0/64,6* Mp
Laufrad-Ø	– mm	Reibungslast	66,0/64,6* Mp
Höchstgeschwindigkeit	50 km/h	Achslast max.	16,8/16,6* Mp
Stundenleistung	588 kW	Leistungskennziff.	8,9/9,1* kW/t
bei Geschwindigkeit	38 km/h	Stromsystem**	16⅔ Hz, 15 kV
Dauerleistung	332/441* kW	Anzahl der Motoren	1
bei Geschwindigkeit	km/h	Antrieb	Stangen
Anfahrzugkraft	17 000/9000* kp	Steuerung	ZuBv/Schü*
Stundenzugkraft	5680 kp	Anzahl der Dauerfahrstufen	
Dauerzugkraft	kp	Transformator	kVA, OS/TS*

Indienststellung 1911

Betriebsnummern: E 70 02 und 03 * ** ursprünglich 15 Hz, 10 kV

Mit den Betriebsnummern 10 204–10 208 stellte die KPEV in den Jahren 1911 und 1912 insgesamt 5 Güterzuglokomotiven für die 1911 elektrifizierte Strecke Dessau–Bitterfeld in Dienst. Diese vierachsigen Lokomotiven ohne Laufachsen waren bei verschiedenen Firmen gebaut worden, um Vergleichsmöglichkeiten zu haben. Dadurch ergaben sich aber auch bauliche Unterschiede, die eine getrennte Betrachtung erforderlich machen. Die beiden ersten Lokomotiven 10 204 und 205, später als EG 502 und 503 bezeichnet, wurden im mechanischen Teil bei der HANOMAG gefertigt und waren sich sehr ähnlich. Die Aufbauten hatten eine Blechverkleidung erhalten. Der Lokomotivkasten war mit zwei Endführerständen ausgeführt und hatte im Bereich der Fenster abgeschrägte Ecken. Bei beiden Maschinen erfolgte der Antrieb von einem großen Motor über schräge Treibstangen auf eine Blindwelle und über Kuppelstangen auf die vier Achsen. Die EG 502 war von der AEG elektrisch ausgerüstet worden und besaß einen Winter-Eichberg-Repulsionsmotor, und die EG 503 hatte von FGL einen kompensierten Wechselstrom-Reihenschlußmotor erhalten. Beide Lokomotiven wurden noch von der Deutschen Reichsbahn übernommen und erst 1938 mit den Betriebsnummern E 70 02 und 03 ausgemustert.

Baureihe E 70 04/05 (preuß. EG 504 und 505)

Achsanordnung	D	Länge über Puffer	10 500 mm
Treibrad-⌀	1050 mm	Dienstlast	60,1/66,8* Mp
Laufrad-⌀	– mm	Reibungslast	60,1/66,8* Mp
Höchstgeschwindigkeit	50 km/h	Achslast max.	16,2/16,9* Mp
Stundenleistung	441 kW	Leistungskennziff.	7,35/6,6* kW/t
bei Geschwindigkeit	30/40* km/h	Stromsystem**	$16^2/_3$ Hz, 15 kV
Dauerleistung	367 kW	Anzahl der Motoren	1
bei Geschwindigkeit	40/50* km/h	Antrieb	Stangen
Anfahrzugkraft	13 000/10 000* kp	Steuerung	Bv/D*
Stundenzugkraft	5400/4050* kp	Anzahl der Dauerfahrstufen	2*
Dauerzugkraft	2700 kp	Transformator	650* kVA, TS/OS*

Indienststellung 1911

Betriebsnummern: E 70 04 und 05*

** ursprünglich 15 Hz, 10 kV

Zwei weitere Lokomotiven für den Güterzugdienst auf der Strecke Dessau–Bitterfeld konnten im Jahre 1911 dem Betrieb übergeben werden. Es handelte sich hierbei um die 10 206 und 207, die später als EG 504 und 505 geführt wurden und bei der Deutschen Reichsbahn die Betriebsnummern E 70 04 und 05 erhalten hatten. Gegenüber den beiden ersten Lokomotiven unterschieden sie sich hauptsächlich in der elektrischen Ausrüstung. Die EG 504 war von der BBC mit einem großen zwölfpoligen Repulsionsmotor der Bauart Déri bestückt worden, dessen Regelung durch eine Bürstenverschiebung erfolgte. In die EG 505 hatten die SSW einen ebenfalls sehr großen sechzehnpoligen Wechselstrom-Reihenanschlußmotor eingebaut. Die Regelung dieses Motors wurde mittels eines Drehtransformators vollzogen. Das Motordrehmoment war wie bei den ersten Maschinen über Treibstangen, Blindwelle und Kuppelstangen auf die vier Achsen übertragen worden. Der mechanische Teil der EG 504 und 505 stammte auch von der HANOMAG. Die Lok 504 hatte einen Holzaufbau, die 505 einen Aufbau aus Stahlblech. Beide Fahrzeuge besaßen Stirnwandtüren und Übergänge, die 505 zusätzlich noch eine zweiflügelige Tür in jeder Seitenwand. Die Lokomotiven E 70 04 und 05 wurden 1938 ausgemustert.

Baureihe E 70 06 (preuß. EG 506)

Achsanordnung	D	Länge über Puffer	10 500 mm
Treibrad-ϕ	1050 mm	Dienstlast	63,2 Mp
Laufrad-ϕ	– mm	Reibungslast	63,2 Mp
Höchstgeschwindigkeit	50 km/h	Achslast max.	16,0 Mp
Stundenleistung	441 kW	Leistungskennziffer	7,14 kW/t
bei Geschwindigkeit	30 km/h	Stromsystem	$16^{2}/_{3}$ Hz, 15 kV
Dauerleistung	294 kW	Anzahl der Motoren	1
bei Geschwindigkeit	km/h	Antrieb	Stangen
Anfahrzugkraft	13 000 kp	Steuerung	DSt
Stundenzugkraft	5400 kp	Anzahl der Dauerfahrstufen	6/12
Dauerzugkraft	kp	Transformator	kVA, TS

Indienststellung 1912

Betriebsnummer: E 70 06

Die fünfte und letzte Güterzuglokomotive der ersten Serie für die KPEV hatte die Betriebsnummer 10 208 erhalten und war von der BMAG und den MSW im Jahre 1912 geliefert worden. Sie unterschied sich von den zuvor gelieferten Fahrzeugen vor allem durch das Haubendach und die geänderte Fenstereinteilung. Im Achsstand und bei den sonstigen Hauptmaßen ergaben sich keine Abweichungen. Die Lokomotive war für den Einsatz in Schlesien für die Direktion Breslau gebaut worden. Da sich die Elektrifizierung der schlesischen Strecken aber verzögerte, fuhr die Lok zunächst von Halle nach Bitterfeld. Die Anordnung und Ausführung des Antriebes entsprach den Lokomotiven EG 502–505. Der große kompensierte Wechselstrom-Reihenschluß-motor wurde über Stufenschalter und einen Drehtransformator geregelt. Die Probefahrten verliefen zwar erfolgreich, hierbei wurden Höchstgeschwindigkeiten von 80 km/h erreicht. Später mußten aber bei allen fünf Lokomotiven verschiedene Umbauten vorgenommen werden, vorwiegend bei der elektrischen Ausrüstung. Von 1914 bis 1920 waren die fünf Fahrzeuge in Schlesien eingesetzt. Von dort kamen sie zur Wiesen- und Wehratalbahn, wo sie 1938 als E 70 02–06 ausgemustert wurden, nachdem sie auch im Güterzugdienst nicht mehr genügten.

Baureihe E 70 07/08 (preuß. EG 507 und 508)

Achsanordnung	D	Länge über Puffer	10 000 mm
Treibrad-∅	1050 mm	Dienstlast	68,1 Mp
Laufrad-∅	– mm	Reibungslast	68,1 Mp
Höchstgeschwindigkeit	60 km/h	Achslast max.	17,2 Mp
Stundenleistung	920 kW	Leistungskennziffer	13,5 kW/t
bei Geschwindigkeit	40 km/h	Stromsystem	$16^2/_3$ Hz, 15 kV
Dauerleistung	530 kW	Anzahl der Motoren	1
bei Geschwindigkeit	45 km/h	Antrieb	Stangen
Anfahrzugkraft	14 300 kp	Steuerung	LD
Stundenzugkraft	8440 kp	Anzahl der Dauerfahrstufen	5
Dauerzugkraft	4320 kp	Transformator	560 kVA, TS

Indienststellung 1913

Betriebsnummern: E 70 07 und 08

Für den Güterzugdienst auf den Berliner Stadt- und Vorortbahnen bestellte die KPEV insgesamt 10 Lokomotiven mit vier angetriebenen Achsen. Zwei dieser laufachslosen Maschinen wurden noch vor Ausbruch des Ersten Weltkrieges von den MSW und der BMAG mit den Nummern 10 209 und 210 geliefert. Im Gegensatz zu den Vierkupplern der Strecke Dessau–Bitterfeld, hatten die beiden Berliner Maschinen nur einen Führerstand und einen sehr schmal gehaltenen Maschinenraum erhalten. Der Antrieb vom großen Fahrmotor erfolgte über einen schrägen Parallelkurbeltrieb zunächst auf die zwischen der zweiten und dritten Achse gelagerten Blindwelle und von dort über Kuppelstangen auf die vier Achsen. Besondere Merkmale waren der vorne stark gerundete Maschinenraum und die seitlich weit hinausragende Motorverkleidung. Der Krieg vereitelte den Bau weiterer Maschinen. Nach Beendigung des Weltkrieges war wegen der Umstellung der Berliner Strecken auf Gleichstrom dann gar kein Bedarf an weiteren Maschinen vorhanden. Es blieb also bei den beiden 1913 gelieferten Lokomotiven, die als EG 507 und 508 nach Schlesien gelangten. Die Deutsche Reichsbahn übernahm die Fahrzeuge und setzte sie als E 70 07 bis 1928 und als E 70 08 bis 1938 im Verschiebedienst auf den Münchener Bahnhöfen ein.

Baureihe E 70^2 (bayer. EG 2)

Achsanordnung	B'B'	Länge über Puffer	12 450 mm
Treibrad-⌀	1250 mm	Dienstlast	64,8 Mp
Laufrad-⌀	– mm	Reibungslast	64,8 Mp
Höchstgeschwindigkeit	50 km/h	Achslast max.	16,2 Mp
Stundenleistung	720 kW	Leistungskennziffer	11,1 kW/t
bei Geschwindigkeit	27 km/h	Stromsystem	$16^{2}/_{3}$ Hz, 15 kV
Dauerleistung	610 kW	Anzahl der Motoren	2
bei Geschwindigkeit	30 km/h	Antrieb	Stangen
Anfahrzugkraft	8000 kp	Steuerung	Schl
Stundenzugkraft	kp	Anzahl der Dauerfahrstufen	14
Dauerzugkraft	kp	Transformator	730 kVA, TF

Indienststellung 1920

Betriebsnummern: E 70 21 und 22

Bereits im Jahre 1913 bestellte die Bayerische Staatsbahn bei Krauss und BBC zwei für die damalige Zeit recht modern ausgeführte Lokomotiven für den Güterzug- und Schiebedienst auf der Strecke Freilassing–Berchtesgaden. Die beiden Lokomotiven hatten zwei zweiachsige Drehgestelle erhalten. In jedem Drehgestell trieb ein sechzehnpoliger Reihenschlußmotor über ein Stirnradvorgelege eine Blindwelle an. Ein Kurbelschleifenantrieb übertrug die Antriebskraft auf die beiden Kuppelachsen. Der gesamte Antrieb eines Drehgestells lag unter einem niederen stark gerundeten Vorbau. Die elektrische Ausrüstung entsprach ungefähr jener der Baureihe E 61^2. Der Erste Weltkrieg und seine Folgen verzögerten die Fertigstellung der Maschinen EG 2 x 2/2 20 221 und 222 bis zum Jahre 1920. Kurz nach ihrer Indienststellung wurde die Bezeichnung in EG 2 20 221 und 222 geändert. Zur Deutschen Reichsbahn gelangten sie schließlich als E 70 21 und 22. Die Lokomotiven hatten sich offensichtlich sehr gut bewährt und durch ihre guten Laufeigenschaften ausgezeichnet. Deshalb wurden sie auch erst in den Jahren 1950 und 1951 ausgemustert. Während ihrer gesamten Dienstzeit waren die Lokomotiven immer von ihrem Heimat-Bw Freilassing aus im Einsatz.

Baureihe E 71[1] (preuß. EG 511–537)

Achsanordnung	B'B'	Länge über Puffer	11 600 mm
Treibrad-⌀	1350 mm	Dienstlast	64,9 Mp
Laufrad-⌀	– mm	Reibungslast	64,9 Mp
Höchstgeschwindigk.	50/65* km/h	Achslast max.	16,9 Mp
Stundenleistung	785/780* kW	Leistungskennziff.	ca. 12,0 kW/t
bei Geschwindigkeit	36/43* km/h	Stromsystem	16²/₃ Hz, 15 kV
Dauerleistung	592/590* kW	Anzahl der Motoren	2
bei Geschwindigkeit	44/54* km/h	Antrieb	Stangen
Anfahrzugkraft	14 000/10 800* kp	Steuerung	Schü
Stundenzugkraft	8000/6650* kp	Anzahl der Dauerfahrstufen	11
Dauerzugkraft	4950/4000* kp	Transformator	750 kVA, OSA

Indienststellung 1914/1921

* 1931/32 Umbau E 71 11, 13, 14, 18, 19, 25–27, 31–37

Betriebsnummern: E 71 11–37

Schon kurz nach der Indienststellung der ersten vierfach gekuppelten Güterzuglokomotiven bestellte die Preußische Staatsbahn im Jahre 1912 eine Serie von 18 Drehgestellokomotiven bei der AEG. Bis 1914 waren drei der Maschinen geliefert und der Auftrag auf insgesamt 46 Fahrzeuge erhöht worden. Erst 1921 erfolgte die Lieferung weiterer Lokomotiven. Gebaut wurden aber nur noch 24 Stück. Auf einem Brückenrahmen ruhte der Lokomotivkasten mit den beiden Führerständen und dem Haupttransformator. Unter den Vorbauten, die auf den Drehgestellrahmen montiert waren, wurde je ein Motor mit Vorgelege und Blindwelle untergebracht. Der Antrieb eines jeden Drehgestells erfolgte über die Schlitzkuppelstangen des Kurbelschleifentriebes. Die Lokomotiven waren einfach und robust. Die ersten drei Exemplare waren zunächst in Bayern und Schlesien eingesetzt. Sie unterschieden sich von den später gelieferten Maschinen durch etwas kleinere Hauptmaße. Nach 1921 kamen alle Maschinen zu den Direktionen Halle und Hannover. Von 1930 bis 1931 wurden 17 Lokomotiven umgebaut, 12 davon kamen zur Wiesen- und Wehratalbahn, sie wurden 1959 ausgemustert. Die E 71 22 blieb als Denkmalslok erhalten. Aus dem Bestand der DR kam die E 71 30 in das Museum nach Dresden.

Baureihe E 73 (bayer. EG 1)

Achsanordnung	Bo'Bo'	Länge über Puffer	10 990 mm
Treibrad-Ø	1100 mm	Dienstlast	56,0 Mp
Laufrad-Ø	– mm	Reibungslast	56,0 Mp
Höchstgeschwindigkeit	50 km/h	Achslast max.	14,0 Mp
Stundenleistung	790 kW	Leistungskennziffer	14,1 kW/t
bei Geschwindigkeit	46 km/h	Stromsystem	$16^{2}/_{3}$ Hz, 15 kV
Dauerleistung	560 kW	Anzahl der Motoren	4
bei Geschwindigkeit	45 km/h	Antrieb	Tatzantrieb
Anfahrzugkraft	9300 kp	Steuerung	Schü
Stundenzugkraft	6300 kp	Anzahl der Dauerfahrstufen	9
Dauerzugkraft	4580 kp	Transformator	400 kVA, TF

Indienststellung 1914/1915

Betriebsnummern: E 73 01 und 02

Ganz im Gegensatz zu der damals üblichen Kraftübertragung durch Stangen, bestellte die Bayerische Staatsbahn 1912 zwei Lokomotiven mit Drehgestellen und Einzelachsantrieb durch Tatzlagermotoren. Der mechanische Teil war von Krauss im Jahre 1914 und die elektrische Ausrüstung von den BEW 1915 geliefert worden, wie die Fabrikschilder eindeutig aussagten. Ein aus Profilträgern genieteter Brückenrahmen nahm den Kastenaufbau mit den abgeschrägten Ecken und den für bayerische Lokomotiven so charakteristischen Stirnwandtüren auf. Hauptrahmen und Lokomotivkasten dieser ersten deutschen Drehgestellokomotiven stützten sich über kräftige Drehzapfen und je zwei seitliche Gleitbahnen auf die beiden genieteten Drehgestelle ab. Vier rechteckige hohe Sandbehälter waren im Maschinenraum neben dem in der Fahrzeugmitte stehenden Trockentransformator angeordnet. Später wurden noch vier runde Sandbehälter an den abgeschrägten Ecken angebracht. Die beiden Maschinen waren nicht nur formal recht gut gelungen, sie zeichneten sich auch durch sehr gute Laufeigenschaften und eine geringe Störanfälligkeit aus. Die Lokomotiven wurden in Freilassing in den Jahren 1937 und 1941 ausgemustert. Aus der E 73 02 entstand ein Schneepflug, den die DB immer noch einsetzt.

Baureihe E 73 03 (preuß. EV 1/2)

Achsanordnung	Bo + Bo	Länge über Puffer	14 140 mm
Treibrad-⌀	1370 mm	Dienstlast	68,3 Mp
Laufrad-⌀	– mm	Reibungslast	68,3 Mp
Höchstgeschwindigkeit	50 km/h	Achslast max.	20,6 Mp
Stundenleistung	1080 kW	Leistungskennziffer	4,83 kW/t
bei Geschwindigkeit	30 km/h	Stromsystem	25 Hz, 3 kV
Dauerleistung	735 kW	Anzahl der Motoren	4
bei Geschwindigkeit	33,3 km/h	Antrieb	Tatzantrieb
Anfahrzugkraft	17 350 kp	Steuerung	Schü
Stundenzugkraft	13 400 kp	Anzahl der Dauerfahrstufen	4
Dauerzugkraft	8640 kp	Transformator	455 kVA, TF

Indienststellung 1907, Umbau 1911*

Betriebsnummer: E 73 03

* Techn. Daten nach Umbau

Nach der kleinen zweiachsigen Lokomotive LAG 1 entstand mit der EV 1/2 im Jahre 1907 bei der AEG und bei Vulcan die erste deutsche Güterzuglokomotive für Einphasenwechselstrom. Die Maschine war für den Versuchsbetrieb auf der Teststrecke Oranienburg gebaut worden. Das Fahrzeug bestand aus zwei Teilen, die mit einer Kurzkupplung und kräftigen Stoßpuffern verbunden waren. Die beiden Führerstände hatten je eine Tür in den Stirnseiten und davor eine offene Plattform. Bei der Lieferung war die Maschine mit drei Tatzlagermotoren ausgerüstet und hatte auf dem vorderen Teil zwei Stromabnehmer. Im Jahre 1911, nach dem Einbau eines vierten Motors und nach dem Umbau für das 3-kV-Netz der Hafenbahn Altona, wurden auch auf der zweiten Lokomotivhälfte zwei Stromabnehmer montiert. Später ging man dann wieder auf zwei Stromabnehmer über, die jeweils im hinteren Dachbereich einer Lokomotivhälfte angeordnet waren. Als dann die Hafenbahn im Jahre 1932 auf 6 kV umgestellt wurde, hatte man die Maschine ausgemustert. Verschiedene Mängel und häufige Störungen, dazu eine starke Neigung zum Schleudern, veranlaßten die Reichsbahn, die E 73 03 aus dem Betrieb zu ziehen. Die Maschine kam in das Verkehrsmuseum Nürnberg und ist dort dem Krieg zum Opfer gefallen.

Baureihe E 73 05 (preuß. EV 5)

Achsanordnung	Bo'Bo'	Länge über Puffer	12 550 mm
Treibrad-∅	1250 mm	Dienstlast	70,4 Mp
Laufrad-∅	– mm	Reibungslast	70,4 Mp
Höchstgeschwindigkeit	50 km/h	Achslast max.	17,7 Mp
Stundenleistung	740 kW	Leistungskennziffer	10,5 kW/t
bei Geschwindigkeit	30 km/h	Stromsystem	25 Hz, 6,3/3 kV
Dauerleistung	515 kW	Anzahl der Motoren	4
bei Geschwindigkeit	30–45 km/h	Antrieb	Tatzantrieb
Anfahrzugkraft	14 200 kp	Steuerung	Schü
Stundenzugkraft	8000 kp	Anzahl der Dauerfahrstufen	9
Dauerzugkraft	kp	Transformator	750 kVA, OF

Indienststellung 1922

Betriebsnummer: E 73 05

Als Ersatz für die schwache und wenig leistungsfähige Doppellokomotive EV 3/4 der Altonaer Hafenbahn, lieferten die MSW und die BMAG im Jahre 1922 eine neue Lokomotive mit zwei Drehgestellen, die EV 5. Die Konzeption der Maschine war recht fortschrittlich. Ein kräftiger Brückenrahmen trug den Lokomotivkasten mit den beiden Führerständen und der elektrischen Ausrüstung. Die beiden abgeschrägten und abgerundeten Vorbauten waren auf den Drehgestellen angeordnet. Um Zug- und Stoßkräfte zu übertragen, waren die beiden Drehgestelle miteinander gekuppelt. Jede Achse wurde von einem Tatzlagermotor angetrieben. Das Dach war ziemlich weit über die Stirnwände hinausgezogen. Die beiden Stromabnehmer der Sonderbauart waren mit je zwei Wippen ausgerüstet worden. Der Haupttransformator konnte sowohl für 3 kV als auch für 6,3 kV umgeschaltet werden. Von der Deutschen Reichsbahn wurde die Lokomotive als E 73 05 übernommen, sie galt als überaus leistungsfähig und zuverlässig. Bis zur Einstellung des Wechselstrombetriebes auf der Hafenbahn von Altona Hbf. nach Altona Kai war die Maschine fast ununterbrochen im Einsatz. Die Lokomotive wurde wahrscheinlich 1953 ausgemustert und schließlich 1959 verschrottet.

Baureihe E 73 06 (Deutsche Reichsbahn)

Achsanordnung	Bo'Bo'	Länge über Puffer	13 850 mm
Treibrad-⌀	1600 mm	Dienstlast	80,9 Mp
Laufrad-⌀	– mm	Reibungslast	80,9 Mp
Höchstgeschwindigkeit	50 km/h	Achslast max.	20,3 Mp
Stundenleistung	1180 kW	Leistungskennziffer	14,6 kW/t
bei Geschwindigkeit	40 km/h	Stromsystem	25 Hz, 6,3/3 kV
Dauerleistung	910 kW	Anz. d. Mot.	4 Doppelmotoren
bei Geschwindigkeit	45 km/h	Antrieb	Westinghouse
Anfahrzugkraft	20 400 kp	Steuerung	NFein
Stundenzugkraft	10 820 kp	Anzahl der Dauerfahrstufen	10
Dauerzugkraft	7410 kp	Transformator	750 kVA, OF

Indienststellung 1925

Betriebsnummer: E 73 06

Eine weitere Maschine für den Einsatz auf der Hafenbahn in Altona entstand 1925, ebenfalls bei den MSW und der BMAG. Wieder war es eine vierachsige Drehgestellokomotive, die verhältnismäßig große Treibräder erhalten hatte. Die Drehgestelle trugen zwar die Zug- und Stoßeinrichtungen, waren aber nicht miteinander gekuppelt. Alle auftretenden Kräfte mußten über die halbkugelförmigen Drehzapfen und den kräftigen Brückenrahmen übertragen werden. Der Lokomotivkasten war ohne Vorbauten mit zwei Stirnführerständen ausgebildet. Vier Zwillingsmotoren trieben die vier Achsen an. Die Kraftübertragung erfolgte über einen Westinghouse-Antrieb, aus dem Baurat Kleinow den nach ihm benannten Federtopfantrieb ableitete. Beim Westinghouse-Antrieb wurden noch offene Speichenfedern verwendet. Auch der Haupttransformator der E 73 06 war von 3 kV auf 6,3 kV umschaltbar. Bis zu ihrer Ausmusterung im Jahre 1955 war diese stärkste Lokomotive der Altonaer Hafenbahn im Bw Ohlsdorf stationiert. Als einzige Hafenbahn-Maschine war sie mit der BBC-Sicherheitsfahrschaltung ausgerüstet. Die E 73 06 diente zugleich auch als Versuchs- und Studienobjekt für verschiedene technische Neuerungen, die von der deutschen Industrie entwickelt worden waren.

Baureihe E 75 (Deutsche Reichsbahn)

Achsanordnung	1'B B 1'	Länge über Puffer	15 380 mm
Treibrad-⌀	1400 mm	Dienstlast	106,2 Mp
Laufrad-⌀	1000 mm	Reibungslast	78,8 Mp
Höchstgeschwindigkeit	70 km/h	Achslast max.	19,7 Mp
Stundenleistung	1880 kW	Leistungskennziffer	17,7 kW/t
bei Geschwindigkeit	44 km/h	Stromsystem	$16^2/_3$ Hz, 15 kV
Dauerleistung	1600 kW	Anzahl der Motoren	2
bei Geschwindigkeit	46 km/h	Antrieb	Stangen
Anfahrzugkraft	24 000 kp	Steuerung	NFein
Stundenzugkraft	15 200 kp	Anzahl der Dauerfahrstufen	13
Dauerzugkraft	12 400 kp	Transformator	1500 kVA, OFA

Indienststellung 1927

Betriebsnummern: E 75 01–12, E 75 51–69

Da die Lokomotiven der Baureihe E 77 über keine besonders guten Laufeigenschaften verfügten und ein Einsatz im Personenzugdienst deshalb kaum in Frage kam, ließ die Deutsche Reichsbahn die neue Gattung E 75 entwickeln. Am Bau der Lokomotiven waren die Firmen LHW, Maffei, MSW und BMAG beteiligt. Viele Bauteile und Baugruppen wurden von der E 77 übernommen. Die E 75 erhielt aber einen durchgehenden Hauptrahmen, in dem die beiden Triebwerksgruppen angeordnet sind, die jenen der E 77 entsprachen. Jede Gruppe wird von einem zwanzigpoligen Motor über ein Vorgelege, eine Blindwelle und über Schrägstangen der Bauart Winterthur angetrieben. Die beiden Laufachsen sind als Bissel-Achsen ausgeführt. Insgesamt wurden 31 Lokomotiven der Reihe E 75 in Dienst gestellt. Die Maschinen mit den Betriebsnummern E 75 01–12 kamen auf das ehemals bayerische Netz, die Lokomotiven E 75 51–69 gingen in den Raum Halle–Leipzig. Bauartunterschiede zwischen beiden Serien waren nicht vorhanden. In den Jahren 1943 und 1944 wurden alle Lokomotiven in Süddeutschland zusammengezogen. Davon gelangten noch 22 Stück in den Bestand der DB, sie wurden überholt und 3 davon sind noch im Raume Ingolstadt–München im Einsatz vor Güterzügen.

Baureihe E 77 (preuß. EG 701—725, bayer. EG 3)

Achsanordnung	(1 B) (B 1)	Länge über Puffer	16 250 mm
Treibrad-⌀	1400 mm	Dienstlast	113,0 Mp
Laufrad-⌀	1000 mm	Reibungslast	77,6 Mp
Höchstgeschwindigkeit	65 km/h	Achslast max.	19,8 Mp
Stundenleistung	1880 kW	Leistungskennziffer	16,6 kW/t
bei Geschwindigkeit	44 km/h	Stromsystem	$16^2/_3$ Hz, 15 kV
Dauerleistung	1600 kW	Anzahl der Motoren	2
bei Geschwindigkeit	46 km/h	Antrieb	Stangen
Anfahrzugkraft	24 000 kp	Steuerung	Schü
Stundenzugkraft	15 200 kp	Anzahl der Dauerfahrstufen	15
Dauerzugkraft	12 400 kp	Transformator	1500 kVA, OFA

Indienststellung 1924

Betriebsnummern: E 77 01–31, E 77 51–75

Für den Güterzugdienst im Raume Halle–Leipzig und für die süddeutschen Strecken bestellte die Deutsche Reichsbahn 1923 zwei Serien mit 25 und 31 Lokomotiven. Die Ausführung lag in Händen der Firmen BMAG, Krauss, LHW und BMS. Der dreiteilige Lokomotivaufbau war mit Faltenbälgen versehen. Die beiden äußeren Teile mit den Führerständen waren mit je einem Triebwerk fest verbunden. Das Mittelteil ruhte als Brücke auf zwei Kugelzapfen der beiden Laufgestelle. Mit Stirnwandtüren waren die für Bayern bestimmten Maschinen EG 3 22 001–031 ausgeführt worden. Die Maschinen für das preußische Netz trugen zunächst die Nummern EG 701–725. Je ein Motor arbeitete über Vorgelege, Blindwelle und den Winterthurer Schrägstangenantrieb auf die beiden Achsen jeder Triebwerksgruppe. Die Laufachsen waren zuerst fest, später dann seitenbeweglich gelagert. Ab 1927 erhielten die Lokomotiven die Betriebsnummern E 77 01–31 und E 77 51–75. In lauftechnischer Hinsicht konnte die Reihe E 77 nie ganz befriedigen. Während des Zweiten Weltkrieges kamen alle Maschinen nach Halle und Hannover. Eine größere Anzahl ging verloren oder mußte ausgemustert werden. Nur 10 Stück verblieben nach 1945 in der DDR, bis 1970 waren aber auch diese aus dem Verkehr gezogen.

Baureihe E 79 (bayer. EG 4)

Achsanordnung	2'D 1'	Länge über Puffer	15 264 mm
Treibrad-∅	1250 mm	Dienstlast	116,0 Mp
Laufrad-∅	850 mm	Reibungslast	77,6 Mp
Höchstgeschwindigkeit	65 km/h	Achslast max.	19,8 Mp
Stundenleistung	1480 kW	Leistungskennziffer	12,8 kW/t
bei Geschwindigkeit	45 km/h	Stromsystem	$16^2/_3$ Hz, 15 kV
Dauerleistung	1180 kW	Anzahl der Motoren	2
bei Geschwindigkeit	46 km/h	Antrieb	Stangen
Anfahrzugkraft	19 600 kp	Steuerung	SchüFein
Stundenzugkraft	12 100 kp	Anzahl der Dauerfahrstufen	18
Dauerzugkraft	9300 kp	Transformator	1500 kVA, OFU

Indienststellung 1927

Betriebsnummern: E 79 01 und 02

Für den Einsatz vor und hinter schweren Zügen auf der Strecke Bad Reichenhall–Berchtesgaden entwickelten Maffei und Pöge zwei große Einrahmenlokomotiven, welche die Nummern EG 4 22 101 und 102 erhalten sollten. Mängel in der elektrischen Ausrüstung verzögerten die Fertigstellung bis zum Jahre 1927. Das vordere Drehgestell war mit der ersten Kuppelachse zu einem Lotter-Gestell vereinigt worden, die hintere Laufachse war als Bissel-Achse ausgeführt. Die beiden zwanzigpoligen Motoren arbeiteten gemeinsam auf eine Vorgelegewelle. Das Vorgelege war über einen Doppelparallelkurbeltrieb mit den beiden Blindwellen verbunden und diese über Kuppelstangen mit den vier Treibachsen. Beim Einsatz auf der krümmungs- und steigungsreichen Strecke konnten die Lokomotiven nicht die in sie gesetzten Erwartungen erfüllen. Im Güterzugdienst auf Flachlandstrecken war man mit den Maschinen aber zufrieden. Nach Lieferung der Baureihen E 44 und E 44^5 wurden die beiden Lokomotiven von der Gebirgsstrecke abgezogen. Ursprünglich sollte die Baureihe E 79 mit der Achsanordnung 1'C 1' ausgeführt werden, dies vereitelte dann aber die schwere elektrische Ausrüstung. Die beiden Maschinen wurden in den Jahren 1941 und 1945 ausgemustert.

Baureihe E 80 (Deutsche Reichsbahn)

Achsanordnung	(A 1 A) (A 1 A)	Länge über Puffer	15 400 mm
Treibrad-Ø	1000 mm	Dienstlast	90,6 Mp
Laufrad-Ø	1000 mm	Reibungslast	68,0 Mp
Höchstgeschwindigkeit	40 km/h	Achslast max.	17,0 Mp
Stundenleistung	248 kW	Leistungskennziffer	2,73 kW/t
bei Geschwindigkeit	14 km/h	Stromsystem	$16^2/_3$ Hz, 15 kV
Dauerleistung	210 kW	Anzahl der Motoren	4
bei Geschwindigkeit	34 km/h	Antrieb	Tatzantrieb
Anfahrzugkraft	13 000 kp	Steuerung	N
Stundenzugkraft	6500 kp	Anzahl der Dauerfahrstufen	15
Dauerzugkraft	2270 kp	Transformator	1100 kVA, OSA

Indienststellung 1930

Betriebsnummern: E 80 01–03

Nach der Umstellung der meisten von München ausgehenden Strecken auf elektrischen Betrieb waren mehrere Abstellgruppen und Industrieanschlüsse ohne Fahrdraht geblieben. Für den Einsatz auf diesen Gleisabschnitten beschaffte die Deutsche Reichsbahn im Jahre 1930 insgesamt fünf Lokomotiven der Baureihe E 80. Auf überspannten Strecken entnahmen die Maschinen die elektrische Energie aus dem Fahrdraht, auf nicht überspannten Gleisen aus einer eingebauten Akkumulatorenbatterie. Die Lokomotiven mußten dreiachsige Drehgestelle erhalten, jeweils die äußeren Achsen eines Drehgestelles wurden durch je einen Tatzlagermotor angetrieben. Die Speisung der Gleichstrommotoren erfolgte aus der Fahrleitung über den Transformator und zwei Quecksilberdampf-Gleichrichter oder aus den in den beiden Vorbauten untergebrachten Akkumulatoren. Den mechanischen Teil der Lokomotiven erstellte Maffei und den elektrischen Teil die SSW. Im Mai 1957 erhielt die E 80 01 anstelle des Quecksilberdampf-Gleichrichters einen von den SSW entwickelten Siliziumgleichrichter, der später auch in den Zweifrequenzlokomotiven der DB verwendet wurde. Die E 80 04 ging im Krieg verloren, die E 80 02–05 wurden von 1959–1960 ausgemustert und die E 80 01 im Jahr 1961.

Baureihe E 90^5 (preuß. EG 551/52—569/70)

Achsanordnung	C + C	Länge über Puffer	15 970 mm
Treibrad-ϕ	1250 mm	Dienstlast	98,2 Mp
Laufrad-ϕ	– mm	Reibungslast	98,2 Mp
Höchstgeschwindigkeit	50 km/h	Achslast max.	16,5 Mp
Stundenleistung	1530 kW	Leistungskennziffer	15,6 kW/t
bei Geschwindigkeit	35 km/h	Stromsystem	$16^2/_3$ Hz, 15 kV
Dauerleistung	910 kW	Anz. d. Mot.	2 Doppelmotoren
bei Geschwindigkeit	30/45 km/h	Antrieb	Stangen
Anfahrzugkraft	20 000 kp	Steuerung	Schl
Stundenzugkraft	16 000 kp	Anzahl der Dauerfahrstufen	14
Dauerzugkraft	11 150 kp	Transformator	2 × 640 kVA, TF

Indienststellung 1920

Betriebsnummern: E 90 51–60

Die Lokomotiven der späteren Baureihe E 90^5 bestanden aus zwei voneinander unabhängigen und selbständig verfahrbaren Hälften, die über zwei Hilfs- und eine Hauptkupplung miteinander verbunden waren. Deshalb erhielten sie bei der Lieferung im Jahre 1920 die Betriebsnummern EG 551/52 bis 569/70. Der Baubeginn fiel bereits in das Jahr 1913, doch der Krieg verzögerte auch die Fertigstellung dieser Maschinen, die für den Einsatz auf den schlesischen Strecken entworfen wurden. Lieferfirmen waren Humboldt, LHB und Beuchelt, die elektrische Ausrüstung stammte bei allen 10 Lokomotiven von BBC. Je ein Doppelmotor trieb über ein Vorgelege die Blindwelle und über Kuppelstangen die drei Achsen einer Fahrzeughälfte an. Wegen des bei dieser Gattung ausgeführten Außenrahmens mußte das Drehmoment der Kuppelstangen über Hallsche Kurbeln eingeleitet werden. In den vor den Führerständen angeordneten Vorbauten war die elektrische Ausrüstung installiert. Hinter den Führerständen befanden sich Gepäckräume. Die beiden Fahrzeughälften waren mit einem Faltenbalg verbunden. Den Zweiten Weltkrieg überlebten nur drei Maschinen, sie wurden von der DR im Jahre 1956 verschrottet, nachdem sie schon einige Jahre abgestellt waren.

Baureihe E 91 (preuß. EG 581—594, bayer. EG 5)

Achsanordnung	C'C'	Länge über Puffer	16 700 mm
Treibrad-⌀	1250 mm	Dienstlast	123,7 Mp
Laufrad-⌀	– mm	Reibungslast	123,7 Mp
Höchstgeschwindigkeit	55 km/h	Achslast max.	20,7 Mp
Stundenleistung	2200 kW	Leistungskennziffer	17,8 kW/t
bei Geschwindigkeit	39 km/h	Stromsystem	$16^2/_3$ Hz, 15 kV
Dauerleistung	1660 kW	Anzahl der Motoren	2 Doppelm.
bei Geschwindigkeit	48 km/h	Antrieb	Stangen
Anfahrzugkraft	30 000 kp	Steuerung	Schü
Stundenzugkraft	20 000 kp	Anzahl der Dauerfahrstufen	19
Dauerzugkraft	12 500 kp	Transformator	2050 kVA, OFA

Indienststellung 1925

Betriebsnummern: E 91 01–20, E 91 81–94

Nach den Lokomotiven der Baureihe E 77, die für den leichteren Güterzugdienst bestimmt waren, bestellte die Deutsche Reichsbahn insgesamt 34 ähnliche aber wesentlich stärkere Maschinen für den schweren Güterzugdienst. Als Lieferfirmen zeichneten Krauss und AEG für den Fahrzeugteil und die WASSEG für die elektrische Ausrüstung. Zwanzig dieser Lokomotiven gingen als EG 5 22 501–520, mit Stirnwandtüren und Übergangsblechen versehen, auf die süddeutschen Strecken. Zum Einsatz auf preußischen Bergstrecken kamen 14 Maschinen mit den Nummern EG 581–594. Der Lokomotivkasten wurde dreiteilig ausgeführt und mit Faltenbälgen verbunden. Die äußeren Teile mit den Führerständen sind fest auf den zwei Triebwerken angeordnet, der mittlere Kasten liegt brückenartig auf Kugelzapfen der Triebwerke auf. Jede der Blindwellen mit Vorgelege und Schrägstangenantrieb der Bauart Winterthur wird von zwei Motoren angetrieben. Die Treibachsen sind über Stangen gekuppelt. Trotz ihrer niedrigen Höchstgeschwindigkeit bewährten sich die Maschinen recht gut. Nach 1950 waren bei der DR nur noch fünf Lokomotiven vorhanden, die 17 Stück der DB wurden von 1957 bis 1958 aufgearbeitet und im Schub- und Verschiebedienst eingesetzt.

Baureihe E 91³ (preuß. EG 538 abc—549 abc)

Achsanordnung	B + B + B	Länge über Puffer	17 200 mm
Treibrad-Ø	1350 mm	Dienstlast	101,7 Mp
Laufrad-Ø	– mm	Reibungslast	101,7 Mp
Höchstgeschwindigkeit	50 km/h	Achslast max.	17,2 Mp
Stundenleistung	1500 kW	Leistungskennziffer	14,8 kW/t
bei Geschwindigkeit	25 km/h	Stromsystem	16²/₃ Hz, 15 kV
Dauerleistung	1135 kW	Anzahl der Motoren	3
bei Geschwindigkeit	30 km/h	Antrieb	Stangen
Anfahrzugkraft	16 900 kp	Steuerung	Schü
Stundenzugkraft	15 000 kp	Anzahl der Dauerfahrstufen	15
Dauerzugkraft	10 200 kp	Transformator	2 x 800 kVA, OS

Indienststellung 1915

Betriebsnummern: E 91 38–49

Mit den Maschinen EG 538 abc–549 abc entstand von 1912 bis 1915 eine recht eigenartige Lokomotivgattung für den schweren Güterzugdienst auf den Gebirgsstrecken Schlesiens. Die KPEV hatte ursprünglich bei LHB und den SSW insgesamt 20 Lokomotiven bestellt. Bedingt durch die Kriegsereignisse waren dann aber nur 12 Stück gebaut und die letzte erst 1922 geliefert worden. Die Lokomotiven waren dreiteilig ausgeführt. Kurzkupplungen verbanden die drei zweiachsigen Triebwerke. In jedem Triebgestell war ein Fahrmotor angeordnet, der über ein Vorgelege eine Blindwelle antrieb. Jeweils zwei Achsen waren mit einer Blindwelle durch Stangen gekuppelt. Wegen des Außenrahmens mußten Hallsche Kurbeln verwendet werden. Die beiden Endgestelle mit der elektrischen Ausrüstung waren symmetrisch ausgeführt und konnten gegeneinander ausgetauscht werden. Um eine ausreichende Streckensicht zu gewährleisten, waren ihre Aufbauten schmal gehalten. Das Mittelstück enthielt nur die beiden Führerstände und einen großen dazwischenliegenden Gepäckraum mit seitlichen Schiebetüren. Die Vorbauten hatten eine Blechverkleidung, der Mittelteil war holzverkleidet. Wegen häufiger Triebwerkschäden wurden 8 Stück bis 1938 ausgemustert, die anderen Maschinen folgten bis 1945.

Baureihe E 91^{9} (Deutsche Reichsbahn)

Achsanordnung	C'C'	Länge über Puffer	17 300 mm
Treibrad-ϕ	1250 mm	Dienstlast	116,4 Mp
Laufrad-ϕ	– mm	Reibungslast	116,4 Mp
Höchstgeschwindigkeit	55 km/h	Achslast max.	19,6 Mp
Stundenleistung	2200 kW	Leistungskennziffer	18,9 kW/t
bei Geschwindigkeit	39,2 km/h	Stromsystem	16$^{2}/_{3}$ Hz, 15 kV
Dauerleistung	1660 kW	Anzahl der Motoren	2 Doppelm.
bei Geschwindigkeit	48 km/h	Antrieb	Stangen
Anfahrzugkraft	30 000 kp	Steuerung	Schü
Stundenzugkraft	20 000 kp	Anzahl der Dauerfahrstufen	19
Dauerzugkraft	12 500 kp	Transformator	2050 kVA, OFA

Indienststellung 1929

Betriebsnummern: E 91 95–106

Für den schweren Dienst auf Steilrampen stellte die Deutsche Reichsbahn im Jahre 1927 insgesamt 12 Lokomotiven der Baureihe E 91^9 in Dienst. Die Maschinen weisen gegenüber der zuvor gelieferten Reihe E 91 verschiedene Änderungen auf. Der Einbau einer elektrischen Widerstandsbremse hatte nicht nur einen größeren Maschinenraum, sondern auch einen größeren Gesamtachsstand verlangt. Änderungen ergaben sich außerdem bei der Anordnung der Lüftungsöffnungen. Das Grundkonzept der Triebwerke und der elektrischen Hilfseinrichtungen blieb gegenüber der Reihe E 91 nahezu unverändert. Die beiden Doppelmotoren konnten dagegen wesentlich leichter ausgeführt werden. Um die durch den Einbau der Widerstandsbremse höhere Achslast in zulässigen Grenzen zu halten, mußten auch einige andere Baugruppen leichter gehalten werden. Die AEG lieferte den Fahrzeugteil, die WASSEG die elektrische Ausrüstung. Nach dem Zweiten Weltkrieg gelangten 6 Lokomotiven in den Bestand der Deutschen Bundesbahn, sie wurden Anfang der sechziger Jahre modernisiert und hauptsächlich im Raume Freiburg eingesetzt. Fünf Lok sind im Bw München-Ost stationiert. Die drei in der DDR verbliebenen Maschinen wurden nicht aufgearbeitet und sollen verschrottet werden.

Baureihe E 92^7 (preuß. EG 571 ab—579 ab)

Achsanordnung	Co + Co	Länge über Puffer	17 282 mm
Treibrad-Ø	1300 mm	Dienstlast	114,0 Mp
Laufrad-Ø	– mm	Reibungslast	114,0 Mp
Höchstgeschwindigkeit	60 km/h	Achslast max.	19,8 Mp
Stundenleistung	850 kW	Leistungskennziffer	7,46 kW/t
bei Geschwindigkeit	41 km/h	Stromsystem	16$^2/_3$ Hz, 15 kV
Dauerleistung	770 kW	Anzahl der Motoren	6
bei Geschwindigkeit	45 km/h	Antrieb	Tatzantrieb
Anfahrzugkraft	21 000 kp	Steuerung	Schü
Stundenzugkraft	7600 kp	Anzahl der Dauerfahrstufen	15
Dauerzugkraft	6280 kp	Transformator	2 x 695 kVA, OF

Indienststellung 1923

Betriebsnummern: E 92 71–79

Als dritte Gattung für den Güterzugdienst im schlesischen Bergland gab die KPEV neun sechsachsige Lokomotiven bei LHB und den SSW in Auftrag. Im Gegensatz zu den Stangenmaschinen der späteren Baureihen E 90^5 und E 91^3 wurden die neuen EG 571 ab–579 ab mit Tatzlagermotoren ausgerüstet. Wegen des Ersten Weltkrieges erfuhr die Verwirklichung des Projektes eine Verzögerung bis 1923. Die neue Konstruktion war zweiteilig, mit Faltenbalg und Kurzkupplungen versehen. Ähnlich der E 90^5 waren die im oberen Teil schmal gehaltenen Vorbauten vor beiden Führerständen ausgeführt. In diesen beiden Vorbauten war die gesamte elektrische Hauptausrüstung untergebracht worden. Einer der beiden Lokomotivkästen nahm verschiedene Zusatzaggregate auf, der andere diente als Gepäckraum mit einer Packwagenschiebetür auf jeder Seite. Der Rahmen war sehr kräftig und als Außenrahmen ausgeführt. Um 1935 wurden die Maschinen mit einer elektrischen Zugheizung bestückt und nach Erhöhung der Geschwindigkeit von 50 auf 60 km/h im Reisezugdienst eingesetzt. Die Lokomotiven bewährten sich recht gut. Drei Fahrzeuge gingen im Krieg verloren oder mußten ausgemustert werden. Die sechs anderen Maschinen waren bis 1963 im Bestand der DR, jedoch nicht mehr im Einsatz.

Baureihe E 93 (Deutsche Reichsbahn)

Achsanordnung	Co' Co'	Länge über Puffer	17 700 mm
Treibrad-⌀	1250 mm	Dienstlast	117,2/117,6* Mp
Laufrad-⌀	– mm	Reibungslast	117,2/117,6* Mp
Höchstgeschwindigk.	65/70* km/h	Achslast max.	19,6/19,7* Mp
Stundenleistung	2502 kW	Leistungskennz.	21,34/21,27* kW/t
bei Geschwindigkeit	57 km/h	Stromsystem	16⅔ Hz, 15 kV
Dauerleistung	2214 kW	Anzahl der Motoren	6
bei Geschwindigkeit	62 km/h	Antrieb	Tatzantrieb
Anfahrzugkraft	36 000 kp	Steuerung	NFein
Stundenzugkraft	19 800 kp	Anzahl der Dauerfahrstufen	15
Dauerzugkraft	16 000 kp	Transformator	1680 kVA, OFA

Indienststellung 1933/1937*

Betriebsnummern: E 93 01–04, E 93 05–18 *E 93 05–18

Die Geislinger Steige der im Jahre 1933 elektrifizierten Strecke Stuttgart–Ulm verlangte die Schaffung starker Güterzuglokomotiven. Konstruktionsziel war eine leistungsfähige sechsachsige Drehgestelllokomotive ohne Laufachsen. Noch im Jahre 1933 lieferte die AEG zwei Lokomotiven, weitere folgten 1935 und 1937. Aufgrund der guten Erfahrungen mit der Baureihe E 44 wählte man auch für die E 93 einen Tatzlagerantrieb. Die beiden dreiachsigen Drehgestelle mit den Zug- und Stoßeinrichtungen und mit den beiden Vorbauten wurden zur Übertragung auftretender Längskräfte mit einer Kurzkupplung miteinander verbunden. Ein geschweißter, zu den Enden verjüngter Brückenrahmen trägt den Lokomotivkasten mit den beiden Führerständen und mit der elektrischen Hauptausrüstung. Die Brücke stützt sich auf die beiden Drehgestelle über zwei kugelförmige Zapfen und je zwei seitliche Gleitstücke ab. Die sechs Tatzlagermotoren stellen eine Weiterentwicklung jener Motoren dar, die in der E 95 verwendet wurden. Zur serienmäßigen Ausrüstung zählt auch eine BBC-Sicherheitsfahrschaltung. Die späteren Lieferungen unterscheiden sich nur geringfügig von den ersten Lokomotiven in Achslast und Geschwindigkeit. Alle 18 Maschinen sind noch im Direktionsbezirk Stuttgart eingesetzt und im Bw Kornwestheim stationiert.

Baureihe E 94 (Deutsche Reichsbahn)

Achsanordnung	Co'Co'	Länge über Puffer	18 600 mm
Treibrad-⌀	1250 mm	Dienstlast	118,5 Mp
Laufrad-⌀	– mm	Reibungslast	118,5 Mp
Höchstgeschwindigkeit	90 km/h	Achslast max.	20,0 Mp
Stundenleistung	3300 kW	Leistungskennziffer	27,8 kW/t
bei Geschwindigkeit	68 km/h	Stromsystem	$16^2/_3$ Hz, 15 kV
Dauerleistung	3000 kW	Anzahl der Motoren	6
bei Geschwindigkeit	71 km/h	Antrieb	Tatzantrieb
Anfahrzugkraft	37 000 kp	Steuerung	NFein
Stundenzugkraft	17 800 kp	Anzahl der Dauerfahrstufen	18
Dauerzugkraft	15 500 kp	Transformator	3060 kVA, OFU

Indienststellung 1940

Die technischen Daten weichen je nach Bauserie z. T. geringfügig ab

Betriebsnummern: E 94 001–145, E 94 151–161, E 94 178–196, E 94 262 bis 285

Als Weiterentwicklung der E 93 entstand bei der AEG die Baureihe E 94, die sich in Aufbau und Triebwerksanordnung nur wenig von ihrer Vorgängerin unterschied. Zusätzlich wurde noch eine fremderregte elektrische Widerstandsbremse eingebaut, außerdem unterstützen zwei Federtöpfe den auf den Drehgestellen aufliegenden Brückenrahmen. Brücke und Aufbauten sind vollkommen geschweißt. In den ersten Bauserien wurden die weiterentwickelten Motoren der Baureihe E 44^5 verwendet. Spätere Lieferungen haben verschiedene Motoren mit höherer Leistung erhalten. Lieferfirmen waren außer der AEG auch Henschel, Krupp, Krauss-Maffei, Elin, Lofag, SSW und BBC. Bis zum Jahre 1945 wurden insgesamt 148 Maschinen in Dienst gestellt, ihre Betriebsnummern lauten E 94 001–136, 143–145 und 151–159. Nach dem Krieg entstanden aus noch vorhandenen Teilen und Baugruppen die Maschinen E 94 137–142 und 160–161. Drei Lokomotiven wurden in Wien gebaut und direkt an die ÖBB geliefert, bei der nach Kriegsende schon 44 Maschinen verblieben waren. Von 1954–1956 beschaffte die DB weitere Lokomotiven mit den Nummern E 94 178–196 und 262–285. Anfang der sechziger Jahre standen 124 Maschinen in den Diensten der DB und 23 Stück waren bei der DR im Einsatz.

Baureihe E 95 (Deutsche Reichsbahn)

Achsanordnung	1'Co + Co 1'	Länge über Puffer	20 900 mm
Treibrad-⌀	1400 mm	Dienstlast	138,5 Mp
Laufrad-⌀	850 mm	Reibungslast	115,5 Mp
Höchstgeschwindigkeit	70 km/h	Achslast max.	19,8 Mp
Stundenleistung	2778 kW	Leistungskennziffer	20,0 kW/t
bei Geschwindigkeit	47 km/h	Stromsystem	16²/₃ Hz, 15 kV
Dauerleistung	2418 kW	Anzahl der Motoren	6
bei Geschwindigkeit	50 km/h	Antrieb	Tatzantrieb
Anfahrzugkraft	36 000 kp	Steuerung	Schü
Stundenzugkraft	21 700 kp	Anzahl der Dauerfahrstufen	25
Dauerzugkraft	17 700 kp	Transformator	2 x 1020 kVA, OFA

Indienststellung 1927

Betriebsnummern: E 95 01–06

Das Projekt dieser schweren Güterzuglokomotive war Mitte der zwanziger Jahre ebenso umstritten wie die Elektrifizierung der Strecken um Breslau, für welche die Lokomotiven beschafft werden sollten. Erst nach mehrmaliger Änderung der Konstruktion begannen die AEG und die WASSEG im Jahre 1926 mit dem Bau von 6 Maschinen mit der Achsfolge 1'Co + Co 1'. Als Antrieb dienten je drei achtpolige Motoren in jeder Lokomotivhälfte. Die beiden Fahrzeugteile waren mit einer Haupt- und zwei Nebenkupplungen miteinander verbunden. Um Schlingerbewegungen auszuschließen, wurden zusätzlich noch horizontal wirkende Federpuffer eingebaut. Vor den beiden Führerständen sind in langen schmalen Vorbauten je ein Haupttransformator untergebracht. Die beiden Maschinenräume haben die elektrischen Hilfseinrichtungen aufgenommen. Beide Lokomotivteile sind durch einen Faltenbalg verbunden. Alle angetriebenen Achsen wurden fest im Außenrahmen gelagert, bei der zweiten und fünften Achse sind die Spurkränze geschwächt. Die Laufachsen wurden als Bissel-Achsen ausgeführt. Im schweren Personenzug- und Güterzugdienst, vor allem in Schlesien, bewährten sich die Maschinen sehr gut. Drei Fahrzeuge wurden von 1959–1960 bei der DR aufgearbeitet, aber seit Mitte 1970 wie die anderen drei Maschinen abgestellt.

Baureihe E 244 01 (Deutsche Reichsbahn)

Achsanordnung	Bo'Bo'	Länge über Puffer	14 300 mm
Treibrad-Ø	1250 mm	Dienstlast	85,0 Mp
Laufrad-Ø	– mm	Reibungslast	85,0 Mp
Höchstgeschwindigkeit	85 km/h	Achslast max.	21,7 Mp
Stundenleistung	2000 kW	Leistungskennziffer	23,55 kW/t
bei Geschwindigkeit	57 km/h	Stromsystem	50 Hz, 20 kV
Dauerleistung	1720 kW	Anzahl der Motoren	4
bei Geschwindigkeit	58,5 km/h	Antrieb	Tatzantrieb
Anfahrzugkraft	24 000 kp	Steuerung	GDr
Stundenzugkraft	12 900 kp	Anzahl der Dauerfahrstufen	7
Dauerzugkraft	10 700 kp	Transformator	2160 kVA, OFA

Indienststellung 1936

Betriebsnummer: E 244 01

Als im Jahre 1934 die Elektrifizierung der stark befahrenen Höllentalstrecke und der sich anschließenden Dreiseenbahn beschlossen war, ging man an die Entwicklung von Lokomotiven für das mit Einphasenwechselstrom 50 Hz, 20 kV geplante Netz. Insgesamt vier Maschinen waren von der Deutschen Reichsbahn bestellt worden. Die Lokomotive E 244 01 konnte im Frühjahr 1936 kurz nach der E 244 11 dem Betrieb übergeben werden. Der Fahrzeugteil der E 244 01 entsprach weitgehend den Lokomotiven E 44 506–509, einige Änderungen waren nur bei der Ausführung des Brückenrahmens erforderlich. Sehr wesentlich unterschied sich jedoch die elektrische Ausrüstung von dem bislang Üblichen. Die vier Tatzlagermotoren waren als Gleichstrom-Reihenschlußmotoren ausgelegt und über den Transformator und gittergesteuerte Quecksilberdampf-Gleichrichter gespeist worden. In Anbetracht des Streckenverlaufes mit starken Gefällen hatte die Lokomotive außer den üblichen Bremsen auch noch eine Gleichstrom-Widerstandsbremse erhalten. Die gesamte Ausführung der Lok lag in Händen der AEG. Bis auf einige kleinere Mängel am Anfang des Einsatzes bewährte sich die Maschine recht gut. Nach der Umstellung des Netzes auf 16⅔ Hz am 20. 5. 60 wurde die E 244 01 ausgemustert.

Baureihe E 244 11 (Deutsche Reichsbahn)

Achsanordnung	Bo' Bo'	Länge über Puffer	15 290 mm
Treibrad-∅	1250 mm	Dienstlast	84,6 Mp
Laufrad-∅	– mm	Reibungslast	84,6 Mp
Höchstgeschwindigkeit	85 km/h	Achslast max.	21,5 Mp
Stundenleistung	2400 kW	Leistungskennziffer	28,4 kW/t
bei Geschwindigkeit	71 km/h	Stromsystem	50 Hz, 20 kV
Dauerleistung	2340 kW	Anzahl der Motoren	4
bei Geschwindigkeit	72 km/h	Antrieb	Tatzantrieb
Anfahrzugkraft	24 000 kp	Steuerung	St
Stundenzugkraft	12 400 kp	Anzahl der Dauerfahrstufen	28
Dauerzugkraft	11 900 kp	Transformator	1980 kVA, OFA

Indienststellung 1936

Betriebsnummer: E 244 11

Die erste der 50-Hz-Lokomotiven für die Höllentalbahn war im Frühjahr 1936 von Krauss und BBC an die Reichsbahn geliefert worden. Der Aufbau der Lokomotive entsprach weitgehend der bewährten Baureihe E 44. Einige Änderungen waren nur bei der Bremseinrichtung, der Anordnung der Lüftungsöffnungen und der Ausführung der Dachaufbauten erforderlich. Die E 244 11 hatte Gleichstrom-Reihenschlußmotoren in Tatzlageranordnung erhalten, denen der Strom vom Haupttransformator über Quecksilberdampf-Gleichrichter zugeführt wurde. Die Spannungsregelung wurde hochspannungsseitig vorgenommen. Dieses Regelverfahren hat sich in der Folgezeit bei fast allen Gleichrichterlokomotiven durchgesetzt. In die Lokomotive war eine sehr wirksame Widerstandsbremse, die BBC-Bremsmaschine, eingebaut. Beim Bremsen wurden die vier Fahrmotoren auf einen im hinteren Vorbau untergebrachten Bremswiderstand geschaltet. Um dem Bremswiderstand eine ausreichende Kühlung zuteil werden zu lassen, mußten ein motorisch angetriebener Lüfter und große Lüftungsöffnungen in den Vorbau installiert werden. Abgesehen von gelegentlichen kleineren Störungen an einigen Bauteilen bewährte sich die E 244 11 recht gut, sie wurde nach 1960 in die Normallok E 44 188 umgebaut.

Baureihe E 244 21 (Deutsche Reichsbahn)

Achsanordnung	Bo'Bo'	Länge über Puffer	16 440 mm
Treibrad-ϕ	1250 mm	Dienstlast	84,8 Mp
Laufrad-ϕ	– mm	Reibungslast	84,8 Mp
Höchstgeschwindigkeit	85 km/h	Achslast max.	21,2 Mp
Stundenleistung	2060 kW	Leistungskennziffer	24,3 kW/t
bei Geschwindigkeit	70 km/h	Stromsystem	50 Hz, 20 kV
Dauerleistung	1940 kW	Anzahl der Motoren	4 x 2
bei Geschwindigkeit	73,5 km/h	Antrieb	Tatzantrieb
Anfahrzugkraft	24 000 kp	Steuerung	N
Stundenzugkraft	10 800 kp	Anzahl der Dauerfahrstufen	14
Dauerzugkraft	9700 kp	Transformator	1720 kVA, OFA

Indienststellung 1936

Betriebsnummer: E 244 21

Für den Einsatz auf Höllental- und Dreiseenbahn und für Vergleichsuntersuchungen enwickelten Krauss und die SSW eine Lokomotive, die 1936 als E 244 21 geliefert wurde. Diese dritte Maschine war erstmals mit den 1935 entwickelten 50-Hz-Einphasen-Reihenschlußmotoren ausgerüstet worden. Jede Achse wurde von zwei Motoren angetrieben, die als Doppeltatzlagermotoren ausgeführt und gegenseitig austauschbar waren. Bei einer Gesamtzahl von 448 Bürstenkohlen gestalteten sich die Wartungsarbeiten recht mühevoll und aufwendig. Mit dieser Lokomotive wurden dann umfassende Versuche mit Spreiz- und Spaltkohlen unternommen und die gewonnenen Erfahrungen später auch bei Lokomotiven für die Frequenz von 16²/₃ Hz verwertet. Die Gestaltung der Maschine in ihrem mechanischen Teil entsprach weitgehend der Serienausführung der Baureihe E 44. Ein bemerkenswerter Unterschied bestand in der Gestaltung des hohen Dachaufbaues, in welchem die Bremswiderstände der fahrdrahtunabhängigen Gleichstrom-Widerstandsbremse untergebracht waren. Nachdem die Umstellung der Höllental- und Dreiseenbahn auf die bei der Deutschen Bundesbahn allgemein übliche Frequenz von 16²/₃ Hz erfolgt war, wurde die E 244 21 im Sommer 1960 ausgemustert.

Baureihe E 244 22 (Nachbau DB)

Achsanordnung	Bo'Bo'	Länge über Puffer	15 290 mm
Treibrad-ϕ	1250 mm	Dienstlast	84,0 Mp
Laufrad-ϕ	– mm	Reibungslast	84,0 Mp
Höchstgeschwindigkeit	80 km/h	Achslast max.	21,0 Mp
Stundenleistung	2600 kW	Leistungskennziffer	30,9 kW/t
bei Geschwindigkeit	75 km/h	Stromsystem	50 Hz, 20 kV
Dauerleistung	2460 kW	Anzahl der Motoren	4 Doppelm.
bei Geschwindigkeit	78,5 km/h	Antrieb	Tatzantrieb
Anfahrzugkraft	26 000 kp	Steuerung	WFein
Stundenzugkraft	12 700 kp	Anzahl der Dauerfahrstufen	15
Dauerzugkraft	11 500 kp	Transformator	2720 kVA, OFA

Indienststellung 1950

Betriebsnummer: E 244 22

Außer den bereits im Jahre 1936 gelieferten vier Lokomotiven für die Höllental- und Dreiseenbahn entstand Ende der vierziger Jahre eine fünfte Maschine für das 50-Hz-Netz. Der Bau dieses Fahrzeuges war 1946 von der französischen Besatzungsmacht veranlaßt worden. Im Bw Basel wurde der mechanische Teil unter Verwendung von Baugruppen der durch Kriegsschäden ausgemusterten E 44 005 hergestellt. Die elektrische Ausrüstung lieferte die AEG. Sowohl der Lokomotivkasten als auch die Drehgestelle wiesen verschiedene Änderungen gegenüber der Reihe E 44 auf, die durch den Einbau der neuentwickelten Tandemmotoren erforderlich waren. Das besondere Merkmal dieser Tandemmotoren war, daß jeweils zwei Anker auf einer Welle in einem gemeinsamen Gehäuse angeordnet waren. Beide Anker waren ständig in Reihe geschaltet. Die Tandem-Tatzlagermotoren stellen eine Weiterentwicklung der 50-Hz-Reihenschlußmotoren der E 244 21 dar. Nach der Umstellung auf 16²/₃ Hz wurden die Motoren der E 244 22 ausgebaut und bei der E 344 01 wiederverwendet. Auch bei der E 244 22 befanden sich die Widerstände der fahrdrahtunabhängigen Bremse in einem Dachaufbau. Im Jahre 1960 wurde die Maschine von der Deutschen Bundesbahn in die 16²/₃-Hz-Lokomotive E 44 189 umgebaut.

Baureihe E 244 31 (Deutsche Reichsbahn)

Achsanordnung	Bo'Bo'	Länge über Puffer	15 080 mm
Treibrad-Φ	1250 mm	Dienstlast	83,0 Mp
Laufrad-Φ	– mm	Reibungslast	83,0 Mp
Höchstgeschwindigk.	83,5 km/h	Achslast max.	20,8 Mp
Stundenleistung	2120 kW	Leistungskennziffer	25,5 kW/t
bei Geschwindigkeit	57 km/h	Stromsystem	50 Hz, 20 kV
Dauerleistung	1960 kW	Anzahl der Motoren	4 + 4
bei Geschwindigkeit	57 km/h	Antrieb	Tatzantrieb
Anfahrzugkraft	24 000 kp	Steuerung	N
Stundenzugkraft	13 630 kp	Anzahl der Dauerfahrstufen	3
Dauerzugkraft	12 600 kp	Transformator	1900 kVA, OFA

Indienststellung 1936

Betriebsnummer: E 244 31

Die vierte und letzte 50-Hz-Lokomotive für die Strecke durch das Höllental bei Freiburg war von Krupp und Garbe-Lahmeyer gebaut worden. Der Fahrzeugteil unterschied sich nur unwesentlich von der Regelausführung der Baureihe E 44, Änderungen waren jedoch bei den Drehgestellen notwendig, da jede Achse von zwei Tatzlagermotoren angetrieben wurde. Das Besondere an der E 244 31 war die Motorkombination. Auf jeder Achse war ein sechspoliger kompensierter Einphasen-Induktionsmotor ohne Kommutator mit gleichstromerregtem Zwischenläufer und ein vierpoliger Drehstrommotor mit Schleifringläufer angeordnet. Es bestand die Möglichkeit, die Lokomotive in drei verschiedenen Schaltungen zu betreiben. In der ersten Grundschaltung wurde mit den Einphasenmotoren allein gefahren, die Drehstrommotoren liefen leer mit. Bei der zweiten Schaltung wurden die Drehstrommotoren von den als Phasenspaltern wirkenden Einphasenmotoren mit Drehstrom versorgt. Die dritte Grundschaltung schuf eine Verbindung vom Läufer des Einphasenmotors zum Ständer des Drehstrommotors und wurde als Kaskadenschaltung bezeichnet. Diese einzige deutsche „Phasenspalter-Lokomotive“ wurde 1960 ausgemustert und 1962 dem Deutschen Museum München übereignet.

Baureihe E 251 (Neubau DR)

Achsanordnung	Co' Co'	Länge über Puffer	18 640 mm
Treibrad-Φ	1350 mm	Dienstlast	126,0 Mp
Laufrad-Φ	– mm	Reibungslast	126,0 Mp
Höchstgeschwindigkeit	80 km/h	Achslast max.	21,0 Mp
Stundenleistung	3660 kW	Leistungskennziffer	29,0 kW/t
bei Geschwindigkeit	38 km/h	Stromsystem	50 Hz, 20 kV
Dauerleistung	3300 kW	Anzahl der Motoren	6
bei Geschwindigkeit	46 km/h	Antrieb	Tatzantrieb
Anfahrzugkraft	38 600 kp	Steuerung	StL
Stundenzugkraft	32 000 kp	Anzahl der Dauerfahrstufen	34
Dauerzugkraft	28 000 kp	Transformator	4360 kVA, OFU

Indienststellung 1965

Betriebsnummern: E 251 001–015

Um eingehende Versuche bei Probefahrten zu unternehmen, entwikkelte und baute der VEB LEW in Hennigsdorf im Jahre 1961/62 zwei sechsachsige Lokomotiven mit der Achsfolge Co'Co' für Einphasen-Wechselstrom 50 Hz, 25 kV. Für die Erprobung wurde ein 23 km langes Teilstück des Berliner Außenrings von Hennigsdorf bis Wustermark elektrifiziert. Aufgrund befriedigender Ergebnisse bestellte die DR insgesamt 15 ähnliche Lokomotiven beim VEB LEW für den Einsatz auf der Rübelandbahn von Blankenburg nach Königshütte. Die 50-Hz-Lokomotiven der Baureihe E 251 sind nach den Richtlinien der DR für Neubaulokomotiven in Stahlleichtbauweise gefertigt worden und entsprechen somit in der Grundkonzeption den Baureihen E 11/E 42. Von den beiden Probelokomotiven unterscheiden sie sich im Dachaufbau und in der Anordnung der Lüftungsöffnungen. Der Antrieb erfolgt durch sechs Wellenstrom-Reihenschlußmotoren in Tatzlagerbauart, die über Haupttransformator und Silizium-Gleichrichter gespeist werden. Den Gleichrichtern sind Glättungsdrosseln nachgeschaltet. Jede Lokomotive ist mit mehreren Sicherheitseinrichtungen, verschiedenen Bremssystemen und mit UKW-Rangierfunk ausgerüstet. Alle 15 Lokomotiven sind im Bw Blankenburg/Harz stationiert.

Baureihe E 310 (Neubau DB)

Achsanordnung	Bo'Bo'	Länge über Puffer	16 950 mm
Treibrad-⌀	1250 mm	Dienstlast	84,0 Mp
Laufrad-⌀	– mm	Reibungslast	84,0 Mp
Höchstgeschwindigkeit	150 km/h	Achslast max.	21,0 Mp
Stundenleistung	3240 kW	Leistungskennziffer	38,2 kW/t
bei Geschwindigkeit	88,5 km/h	Stromsyst.	$16^2/_3$; 50 Hz, 15; 25 kV
Dauerleistung	3000 kW	Anzahl der Motoren	4
bei Geschwindigkeit	90 km/h	Antrieb	Gummiring-Kardan
Anfahrzugkraft	28 000 kp	Steuerung	Thyristoren
Stundenzugkraft	13 400 kp	Anzahl der Dauerfahrst.	stufenl.
Dauerzugkraft	11 800 kp	Transformator	kVA, OFU

Indienststellung 1968

Betriebsnummern: E 310 001–004

Nach den Vierstrom-Europa-Lokomotiven der Baureihe E 410 erwarb die Deutsche Bundesbahn auch noch vier neue Zweistrom-Lokomotiven für den Einsatz vom Saargebiet nach Frankreich. Diese neuen Fahrzeuge unterschieden sich äußerlich nur dadurch, daß sie die Baureihenbezeichnung E 310 trugen und nur mit zwei Einholmstromabnehmern ausgerüstet sind. Der Aufbau des Lokomotivkastens in Stahlleichtbauweise mit den fünf Sektionen war, wie der geschweißte Brückenrahmen, unverändert von der Reihe E 410 übernommen worden. Die Ausführung des gesamten Fahrzeugteiles erfolgte bei Krupp. Die elektrische Ausrüstung der vier Zweifrequenz-Maschinen stammt von der AEG. Sie unterscheidet sich von jener der Vierstrom-Lokomotiven nur durch den Wegfall der Einrichtung für den Betrieb auf Gleichstromstrecken. Der Antrieb war ebenfalls als Gummi-Kardanantrieb mit Hohlwellen ausgeführt worden. Die Sicherheitseinrichtungen entsprechen den letzten Bestimmungen der DB und SNCF. Zwei Lokomotiven wurden mit Widerstandsbremsen und zwei Stück mit elektrischen Netzbremsen versehen. Nach eingehenden Probefahrten werden die vier Maschinen seit Mai 1968 im Reisezugdienst eingesetzt. Sie sind zusammen mit den E 320 in Saarbrücken stationiert.

Baureihe E 320 01 (Neubau DB)

Achsanordnung	Bo'Bo'	Länge über Puffer	16 440 mm
Treibrad-∅	1250 mm	Dienstlast	82,0 Mp
Laufrad-∅	– mm	Reibungslast	82,0 Mp
Höchstgeschwindigkeit	120 km/h	Achslast max.	20,5 Mp
Stundenleistung	2760 kW	Leistungskennziffer	33,8 kW/t
bei Geschwindigkeit	70,4 km/h	Stromsyst.	16²/₃; 50 Hz 15; 25 kV
Dauerleistung	2460 kW	Anzahl der Motoren	4
bei Geschwindigkeit	74 km/h	Antrieb	Tatzantrieb
Anfahrzugkraft	30 600 kp	Steuerung	StL
Stundenzugkraft	14 400 kp	Anz. d. Dauerfahrstufen	44*/28**
Dauerzugkraft	12 200 kp	Transformator	2660 kVA, OFU

Indienststellung 1960

Betriebsnummer: E 320 01

* bei 16²/₃ Hz ** bei 50 Hz

Nach der Elektrifizierung des Saargebietes im Jahre 1960 entstand dort die Nahtstelle zwischen zwei verschiedenen Stromsystemen, nämlich zwischen dem Netz der DB mit $16^2/_3$ Hz, 15 kV, und dem Netz der SNCF mit 50 Hz, 25 kV. Für den grenzüberschreitenden Verkehr gab die Deutsche Bundesbahn bereits im Jahre 1957 drei Mehrfrequenzlokomotiven in Auftrag. Die elektrische Ausrüstung für diese Maschinen sollte von den Firmen AEG, BBC und SSW geliefert werden. Ursprünglich waren die Fahrzeuge auch noch für 50 Hz, 20 kV ausgelegt. Nach der eingeleiteten Umstellung der Höllentalstrecke auf $16^2/_3$ Hz nahm man hiervon Abstand. Der mechanische Teil der Lokomotive E 320 01 von Krupp gefertigt, entspricht in Konstruktion und Ausführung jenem der Baureihen $E\,10^1$ bzw. E 40. Der Lokomotivkasten, der Brückenrahmen und die Drehgestelle sind die Produkte moderner Schweißtechnik. Die elektrische Ausrüstung der E 320 01 stammt von der AEG. Vier sechspolige Wellenstrom-Fahrmotoren in Tatzlagerbauart sind so ausgeführt, daß jeder Motor mit zweiseitigem Antrieb auf eine Achse arbeitet. Jedem Fahrmotor ist ein Silizium-Gleichrichtersatz in Brückenschaltung zugeordnet. Die E 320 01 ist mit einer fahrdrahtunabhängigen elektrischen Widerstandsbremse ausgerüstet.

Baureihe E 320 11 (Neubau DB)

Achsanordnung	Bo'Bo'	Länge über Puffer	16 440 mm
Treibrad-Ø	1250 mm	Dienstlast	81,5 Mp
Laufrad-Ø	– mm	Reibungslast	81,5 Mp
Höchstgeschwindigkeit	120 km/h	Achslast max.	20,5 Mp
Stundenleistung	2488 kW	Leistungskennziffer	30,7 kW/t
bei Geschwindigkeit	56,5 km/h	Stromsyst.	$16^2/_3$; 50 Hz 15; 25 kV
Dauerleistung	2320 kW	Anzahl der Motoren	4
bei Geschwindigkeit	60 km/h	Antrieb	Tatzantrieb
Anfahrzugkraft	28 000 kp	Steuerung	StL
Stundenzugkraft	16 100 kp	Anzahl der Dauerfahrstufen	35
Dauerzugkraft	13 500 kp	Transformator	3090 kVA, OFU

Indienststellung 1960

Betriebsnummer: E 320 11

Die zweite der drei von der DB in Auftrag gegebenen Lokomotiven der Baureihe E 320 wurde 1960 in Dienst gestellt. Als Hersteller zeichneten die Firmen Henschel für den mechanischen und BBC für den elektrischen Teil. Die vier sechspoligen Fahrmotoren sind eine Gemeinschaftskonstruktion der drei Elektrokonzerne AEG, BBC und SSW. Es sind fremdbelüftete Gleichstrom-Reihenschlußmotoren SAB 750 mit Wendepolen, Kompensationswicklung und massivem Joch. Als Gleichrichter wurden bei den drei Probelokomotiven erstmals Siliziumdioden verwendet. Solche Silizium-Gleichrichtersätze sind wesentlich kleiner und leichter als Quecksilberdampf-Stromrichter gleicher Leistung. Sie haben außerdem einen besseren Wirkungsgrad und benötigen nur eine einfache ungeregelte Kühlung. Der mechanische Aufbau der E 320 11 entspricht ebenfalls der Einheitsbauart der Deutschen Bundesbahn. Die Zweisystem-Lokomotiven der Baureihe E 320 sind mit zwei verschiedenen Stromabnehmern ausgerüstet. Beim Verkehr auf den Strecken der DB wird der Stromabnehmer DBS 58 D mit breiter Wippe am Fahrdraht angelegt. Nach dem Übergang auf das 50-Hz-Netz der SNCF wird der Stromabnehmer DBS 58 S mit schmaler Wippe verwendet. Der Wechsel wird von einer automatischen Systemüberwachung kontrolliert.

Baureihe E 320 21 (Neubau DB)

Achsanordnung	Bo'Bo'	Länge über Puffer	16 440 mm
Treibrad-Φ	1250 mm	Dienstlast	83,7 Mp
Laufrad-Φ	– mm	Reibungslast	83,7 Mp
Höchstgeschwindigkeit	120 km/h	Achslast max.	21,0 Mp
Stundenleistung	2550 kW	Leistungskennziffer	30,5 kW/t
bei Geschwindigkeit	68 km/h	Stromsyst.	16²/₃; 50 Hz 15; 25 kV
Dauerleistung	2340 kW	Anzahl der Motoren	4
bei Geschwindigkeit	74 km/h	Antrieb	Tatzantrieb
Anfahrzugkraft	28 000 kp	Steuerung	StL
Stundenzugkraft	13 800 kp	Anz. d. Dauerfahrstufen	32*/44**
Dauerzugkraft	11 600 kp	Transform.	3300*/2800 kVA, OFU

Indienststellung 1960

Betriebsnummer: E 320 21

* bei 16²/₃ Hz ** bei 50 Hz

Als erste der drei Mehrsystem-Lokomotiven für den grenzüberschreitenden Verkehr zwischen der Bundesrepublik und Frankreich lieferten Krauss-Maffei und die SSW die Lokomotive E 320 21. Beim Bau der elektrischen Ausrüstung konnten die SSW auf die bereits mit der E 80 01 gesammelten Erfahrungen zurückgreifen. In dieser Lokomotive waren erstmals Silizium-Gleichrichter erprobt worden, die dann auch in allen drei Maschinen der Reihe E 320 zur Anwendung kamen. Der mechanische Aufbau entsprach den für die Neubaulokomotiven der Baureihen E 10[1] und E 40 von der Bundesbahn erarbeiteten Richtlinien. Als Antrieb dienen vier Gleichstrom-Reihenschlußmotoren der Bauart SAB 570 in Tatzlageranordnung mit zweiseitigem Abtrieb. Die Lokomotive E 320 21 erhielt eine Sicherheitsfahrschaltung, eine induktive Zugsicherung und eine fahrdrahtunabhängige elektrische Widerstandsbremse. Diese Einrichtungen waren auch bei den beiden anderen Maschinen der Reihe E 320 zum Einbau vorgeschrieben. Das für die Lokomotiven aufgestellte Betriebsprogramm weist sie als Universalmaschinen für Reise- und Güterzüge aus. Im Winterhalbjahr 1969/70 waren die Lokomotiven im Einsatz zwischen Frankfurt/M und Metz. Das Heimat-Bw ist Saarbrücken Hbf.

Baureihe E 344 01 (Umbau DB)

Achsanordnung	Bo'Bo'	Länge über Puffer	16 440 mm
Treibrad-Ø	1250 mm	Dienstlast	80,5 Mp
Laufrad-Ø	– mm	Reibungslast	80,5 Mp
Höchstgeschwindigkeit	100 km/h	Achslast max.	20,2 Mp
Stundenleistung	2400 kW	Leistungskennziffer	29,82 kW/t
bei Geschwindigkeit	70 km/h	Stromsyst.	$16^2/_3$; 50 Hz 15; 25 kV
Dauerleistung	2150 kW	Anzahl der Motoren	4 Doppelm.
bei Geschwindigkeit	70 km/h	Antrieb	Tatzantrieb
Anfahrzugkraft	28 000, 26 000* kp	Steuerung	Niederspannung
Stundenzugkraft	12 600 kp	Anzahl d. Dauerfahrstufen	15/14*
Dauerzugkraft	11 200, 11 500* kp	Transform.	1780/2670* kVA, OFU

Indienststellung 1962

Betriebsnummer: E 344 01

* bei 50 Hz

Mit der E 344 01 wurde im Jahre 1962 eine weitere Zweifrequenz-Lokomotive in Dienst gestellt, die sich aber wesentlich von den Maschinen der Baureihe E 320 unterscheidet. Der Lokomotivkasten entstand in Anlehnung an die E 41 im AW Freimann nach dem Entwurf von Krauss-Maffei. Die Drehgestelle stammen von der Höllental-Lokomotive der E 244 21, ebenso der Brückenrahmen. Da die Zug- und Stoßeinrichtungen an den Drehgestellen verblieben, zeigt die E 344 01 gegenüber den anderen Neubaulokomotiven eine veränderte Stirnfront. Die elektrische Ausrüstung wurde von der AEG geliefert und war zum Teil von der Reihe E 41 übernommen worden. Der Antrieb der Lokomotive erfolgte von vier Doppelmotoren mit beiderseitigem Vorgelege. Diese Tandemmotoren sind keine Neukonstruktion, sondern stammen von der im Jahre 1960 ausgemusterten Höllental-Maschine E 244 22. Es handelt sich hierbei um 50-Hz-Wechselstrommotoren, die direkt aus dem Netz, also ohne Verwendung eines Gleichrichters, gespeist werden können. Silizium-Gleichrichter wurden nur für einige elektrische Hilfseinrichtungen benötigt. Die Systemüberwachung, Stromabnehmer und die anderen Sicherheitseinrichtungen entsprachen jenen der Baureihe E 320. Die Lok wurde Ende 1969 ausgemustert.

Baureihe E 410 (Neubau DB)

Achsanordnung	Bo'Bo'	Länge über Puffer	16 950 mm
Treibrad-∅	1250 mm	Dienstlast	84,0 Mp
Laufrad-∅	– mm	Reibungslast	84,0 Mp
Höchstgeschwindigkeit	150 km/h	Achslast max.	20,2 Mp
Stundenleistung	3240 kW	Leistungskennziffer	38,2 kW/t
bei Geschwindigkeit	88,5 km/h	Stromsyst.	*16²/₃; 50 Hz 15; 25 kV
Dauerleistung	3000 kW	Anzahl der Motoren	4
bei Geschwindigkeit	90 km/h	Antrieb	Gummiring-Kardan
Anfahrzugkraft	28 000 kp	Steuerung	Thyristoren
Stundenzugkraft	13 400 kp	Anzahl d. Dauerfahrst.	stufenlos
Dauerzugkraft	11 800 kp	Transformator	– kVA, OFU

Indienststellung 1965

Betriebsnummern: E 410 001–003, E 410 011–012

* außerdem Gleichstrom 1,5 und 3 kV

Die elektrischen Lokomotiven der Baureihe E 410 wurden von der DB für den grenzüberschreitenden Verkehr nach Belgien und Frankreich beschafft und als „Europa-Lokomotiven" bekannt. Es sind Vierfrequenz-Maschinen, die außer den bekannten Wechselstromnetzen auch die mit Gleichstrom 1,5 kV und 3 kV elektrifizierten Strecken befahren können. Drei Fahrzeuge, die E 410 001–003 lieferten Krupp und die AEG. Die beiden anderen Maschinen E 410 011 und 012 sind eine Gemeinschaftsproduktion von Krupp und BBC. Der Brückenrahmen ist eine selbsttragende Schweißkonstruktion, die bereits für den späteren Einbau einer Mittelpufferkupplung vorbereitet ist. Der Kastenaufbau ist fünfteilig. Die beiden Führerstände sind mit dem Rahmen verschweißt, die drei Hauben des Maschinenraums sind mit dem Rahmen verschraubt und gegeneinander mit Gummiprofilleisten verbunden. Jede Lok ist mit vier Einholm-Stromabnehmern der Bauart SBS 66 ausgestattet. Unterschiede zwischen der AEG- und der BBC-Ausführung sind bei der Speisung der vier Mischstrommotoren vorhanden. Beim Betrieb mit Gleichstrom werden die BBC-Maschinen direkt aus dem Netz, die AEG-Lokomotiven über zwei Wechselrichtergruppen gespeist. Alle fünf Maschinen sind beim Bw Köln-Deutzerfeld.

Lokomotivbestand der Deutschen Bundesbahn

ELEKTROLOKOMOTIVEN

Stand: 15. 1. 1971

Zusammengestellt nach amtlichen Unterlagen der DB

Baureihenbezeichnung			
neu	alt	Gesamtbestand	Einsatzbestand
103	E 03	12	12
104	E 04	6	6
110	E 10	383	382
112	E 10^{12}	31	31
116	E 16	18	18
117	E 17	26	26
118	E 18	41	41
119	E 19	4	4
132	E 32	16	5
139	E 40^{11}	31	31
140	E 40	755	755
141	E 41	450	450
144*	E 44*	117*	117*
145	E 44^{11}	16	16
150	E 50	155	155
152	E 52	22	10
160	E 60	14	14
163	E 63	8	8
169	E 69	4	4
175	E 75	12	3
181	E 310	4	4
182	E 320	3	3
184	E 410	5	5
191	E 91	22	19
193	E 93	18	18
194	E 94	124	124

* In diesen Zahlen sind die 8 Maschinen der Reihe E 44^{5} enthalten

Hersteller deutscher Elektrolokomotiven

AEG	Allgemeine Elektrizitäts-Gesellschaft, Berlin
AEBC	Arbeitsgemeinschaft AEG und BBC
BBC	Brown, Boveri & Cie. AG, Mannheim-Käfertal
Beuchelt	Beuchelt & Co., Stahl- und Maschinenbau, Grünberg
BEW	Bergmann-Elektrizitäts-Werke AG, Berlin
BMAG	Berliner Maschinenbau AG, Berlin (vorm. Schwartzkopff)
BMS	Arbeitsgemeinschaft BEW und MSW
Borsig	Borsig-Lokomotivwerke GmbH, Berlin-Tegel
Elin	Elin AG für elektr. Industrie, Wien I
FGL	Arbeitsgemeinschaft Felten & Guilleaume und Garbe-Lahmeyer AG
HANOMAG	Hannoversche Maschinenbau AG, Hannover-Linden
Henschel	Henschel & Sohn AG, Kassel
Kat	Katharinenhütte, Rohrbach/Pfalz
Krauss	Lokomotivfabrik G. Krauss & Comp., München
KM	Krauss-Maffei AG, München-Allach
Krupp	Fried. Krupp AG, Essen
LEW	VEB Lokomotivbau Elektrotechn. Werke, Hennigsdorf
LHB	Linke-Hofmann-Busch-Werke, Breslau und Bautzen
LHW	Linke-Hofmann-Werke AG, Breslau
Lofag	Wiener Lokomotivfabrik AG, Wien XXI
Maffei	J. A. Maffei Lokomotivfabrik, München
MBGK	Maschinenbau-Gesellschaft Karlsruhe
MSW	Maffei-Schwartzkopff-Werke GmbH, Wildau bei Berlin
Pöge	Pöge-Elektrizitäts AG, Chemnitz
SBC	Arbeitsgemeinschaft BBC und SSW
SSW	Siemens-Schuckert-Werke AG, Berlin/Erlangen
UNION	Union-Gießerei, Königsberg
VULCAN	Schiffs- und Maschinenbau Vulcan, Stettin-Bredow
WASSEG	Arbeitsgemeinschaft AEG und SSW

ABKÜRZUNGEN

Allgemein

AW	Ausbesserungswerk
BD	Bundesbahndirektion
Bw	Bahnbetriebswerk
BZA	Bundesbahn-Zentralamt
DB	Deutsche Bundesbahn der Bundesrepublik
DR	Deutsche Reichsbahn der DDR
KPEV	Königlich Preußische Eisenbahn-Verwaltung
LAG	Lokalbahn AG, München
ÖBB	Österreichische Bundesbahnen
Rbd	Reichsbahndirektion
VES-M	Versuchs- und Entwicklungsstelle für die Maschinenwirtschaft der Deutschen Reichsbahn

Transformatoren

TS	Trockentransformator mit Selbstkühlung
TF	Trockentransformator mit Fremdkühlung
OS	Öltransformator mit Selbstkühlung
OF	Öltransformator mit Fremdkühlung
OFU	Öltransformator mit Fremdkühlung, Zwangs-Ölumlauf
OSA	Öltransformator mit äußerer Selbstkühlung, Zwangs-Ölumlauf
OFA	Öltransformator mit äußerer Fremdkühlung, Zwangs-Ölumlauf

Steuerungen

Bv	Bürstenverschiebung
D	Drehtransformator
Fein	Feinregler
L	Lastschalter
N	Nockenschaltwerk
Schl	Schlittenschaltwerk
Schü	Schützensteuerung
St	Stufenschaltwerk
W	Wandernockenschaltwerk
Zu	Zusatztransformator

Antrieb

HVA	Henschel-Verzweiger-Antrieb
SKH	Siemens-Kardan-Hohlwellenantrieb

LITERATURVERZEICHNIS

Fachbücher

Bäzold, D; Fiebig, G: Archiv elektrischer Lokomotiven. TRANSPRESS VEB Verlag für Verkehrswesen, Berlin 1966

Deinert, W: Elektrische Lokomotiven. TRANSPRESS VEB Verlag für Verkehrswesen, Berlin 1967

Griebl/Schadow: Verzeichnis der deutschen Lokomotiven. Verlag Josef Otto Slezak, Wien 1968

Joachimsthaler, A: Die elektrischen Einheitslokomotiven der DB. Verlag: Vermögensverwaltung der Gewerkschaft Deutscher Lokomotivbeamter und Anwärter GmbH, Frankfurt 1965

Lehmann/Pflug: Der Fahrzeugpark der Deutschen Bundesbahn und neue von der Industrie entwickelte Schienenfahrzeuge. G. Siemens Verlag, Berlin/Bielefeld 1956

Lotter, G: Die elektrischen Lokomotiven der Deutschen Reichsbahn im Bild. Verkehrswissenschaftliche Lehrmittelgesellschaft mbH, Leipzig 1930/1938

Maedel, K.-E: LOK-MAGAZIN. Franckh'sche Verlagshandlung, Stuttgart

Rossberg, R. R: Die Lokalbahn Murnau–Oberammergau. Franckh'sche Verlagshandlung, Stuttgart 1970

Stockklausner, H: 50 Jahre Elektro-Vollbahnlokomotiven in Österreich und Deutschland, Ployer Verlag, Wien 1952

Stolte, K: Die Entwicklung der elektrischen Lokomotiven bei der Deutschen Reichsbahn. Fachbuchverlag, Leipzig 1956

Vogel, Th: Jahrbücher des Eisenbahnwesens. Hestra-Verlag, Darmstadt.

Zipp, H: Elektrische Vollbahnlokomotiven für einphasigen Wechselstrom. Leiner Verlag, Leipzig 1924

Merkbücher für Schienenfahrzeuge, Dienstvorschriften der Deutschen Reichsbahn und der Deutschen Bundesbahn

Lokomotivverzeichnis aus dem Verkehrsmuseum Nürnberg

Lokomotivbeschreibungen der Deutschen Bundesbahn

Fachzeitschriften

AEG-Mitteilungen
BBC-Mitteilungen
Die Bundesbahn
Elektrische Bahnen
Elektrische Kraftbetriebe und Bahnen
Glasers Annalen
Lokomotiv-Technik
Modellbahnrevue
Modelleisenbahner
Moderne Eisenbahn
Schienenfahrzeuge
Siemens-Zeitschrift

BILDNACHWEIS

Archiv*

Seite: 32, 47, 48, 55, 62, 77, 83, 84, 85, 87, 90, 91, 101, 102, 108, 109, 111, 115, 120, 122, 134, 136, 140, 150, 151, 153, 155, 156, 157, 158, 160, 162, 164, 166, 167, 168, 172, 176, 178, 179, 183, 187, 193, 195, 199, 201, 203, 204.

Lokomotivbildarchiv Carl Bellingrodt, Wuppertal:
11, 13, 16, 18, 19, 33, 34, 35, 40, 41, 42, 43, 44, 45, 46, 51, 66, 67, 70, 71, 72, 73, 82, 86, 100, 103, 104, 105, 114, 116, 117, 121, 123, 130, 131, 132, 133, 138, 148, 152, 154, 163, 169, 173, 174, 175, 182, 185, 186, 194, 197, 200, 207.

J. Claus, Frankfurt/Main:
78

R. Delie, Antwerpen:
98, 192, 205.

Deutsche Bundesbahn, Bildstelle:
21, 22, 36, 37, 39, 50, 53, 56, 57, 59, 60, 61, 79, 89, 94, 106, 118, 135, 137, 139, 141, 161, 165, 171, 177, 181, 188, 190, 202, 206, 208, 212, 213, 215, 216.

Deutsche Reichsbahn, Bildstelle:
63, 65, 99.

Deutsches Lokomotivbildarchiv, Berlin/Darmstadt:
92, 93, 113, 159, 198.

Franckh Verlag, Die Lokalbahn Murnau–Oberammergau:
14, 17, 146.

G. Illner, Leipzig: 64, 72, 193, 196

H. J. Obermayer, Stuttgart:
38, 49, 52, 58, 68, 69, 74, 75, 76, 81, 88, 95, 107, 110, 119, 126, 127, 128, 129, 142, 143, 144, 145, 147, 149, 170, 180, 184, 189, 191.

V. Spieth, Nellingen: 209, 214.

Werkfoto AEG: 112

Werkfoto BBC Mannheim: 96, 97, 210, 211, 217.

Werkfoto Henschel, Kassel: 54, 80.

* Anmerkung: Die Archivaufnahmen sind zum überwiegenden Teil Reproduktionen von Originalen, die das Verkehrsmuseum Nürnberg zur Verfügung gestellt hatte.